JN172031

季節とフィールドから

1年で240種の鳥と出会う

鳥が見つかる

中野泰敬 著

文一総合出版

フィールドを開拓しよう!

　情報の時代。自分で野鳥を探さなくても、インターネットなどで「〇〇がどこそこに出ている」という情報が手に入る。その通りに現場へ行くと、初めての野鳥でも簡単に見ることができる。しかし、そこには出会いの感動はないし、物足りなく感じてしまうことも多いだろう。やはりバードウォッチングは、自分で野鳥を探し、見つけるところに醍醐味がある。

　この本では、野鳥が見られる場所と時期、鳴き声や生態も含む鳥ごとの探し方を紹介した。出現情報に頼らず、自身の力で野鳥を見つけ、観察し、撮影するための手助けになるだろう。ぜひ自分だけのすばらしいフィールドを開拓してほしい。

ホオアカ

もくじ

春 spring

夏 summer

column

秋 autumn

冬 winter

鳥を見つけるための手順

野鳥図鑑を手に鳥を探しても、なかなか見つからない、という経験はないだろうか。
これから解説する手順を実践すれば、グッと「見つける力」がつくはずだ！

1st Step

身近な観察から始めよう
- ●野鳥を意識する
- ●身近な野鳥をよく見聞きする

2nd Step

見るだけじゃない鳥探し
- ●目より耳で探す
- ●さえずりを覚える

3rd Step

覚えておけばどんどん見つかる
- ●マイ・フィールドをもつ
- ●好みの環境や場所を覚える
- ●季節と野鳥の関係を知る

1st Step 野鳥を意識する

みなさんは、野鳥を見たことがあるだろうか？　スズメやカラスくらいしかわからない、という人もいるだろう。じつは、私たちの家のまわりには多くの野鳥が生息しているが、そのことに気がつかないのは「野鳥を意識したことがない」からなのだ。野鳥がいる、と意識したとたん、無意識に野鳥の姿が目に飛び込んでくるようになる。

人家のヒヨドリ。身近な鳥で目を慣らしておこう

1st Step 身近な野鳥をよく見聞きする

家のまわりに野鳥がいることがわかったら、身近な野鳥をよく観察してみよう。とまっている姿、飛んでいる姿、遠くにいるときのシルエットが、どのように見えるのかをしっかり覚え、同時に鳴き声にも耳を傾けよう。こうして鳥に慣れてきたら、野鳥を探し出す能力が身についてくる。

スズメは身近なものさし鳥
（大きさの比較になる鳥）だ

2nd Step 目より耳で探す

バードウォッチングをしているときの人の視界は90度くらいだが、鳥の鳴き声や、鳥が立てる音は360度、どこからでも聞こえてくる。そこで、耳のはたらきが重要になる。鳴き声が聞こえたら、その方向に視野を広くするように意識して、野鳥を探す。視野が狭いと、見る方向が少し違っただけで野鳥の姿が目に入らなくなってしまう。

セッカのいる風景。
開けた場所で耳を澄ましてみよう

2nd Step さえずりを覚える

野鳥の鳴き声は、大まかに"さえずり"と"地鳴き"に分けることができる。さえずりは繁殖期の鳴き方で、種類によって特徴がある。さえずりを聞けば、どの野鳥が鳴いているのかがわかるのだ。野鳥の鳴き声が収録されたCDは市販されているので、それらの声をくり返し聴いて鳴き声を覚えておきたい。

『鳴き声から調べる野鳥図鑑
〜おぼえておきたい85種』
（文一総合出版）
A5判・128ページ・本体3,000円＋税

身近な野鳥85種を鳴き声に特化して解説し、250声以上が収録されたパソコン専用のCDが付属。鳴き声にまつわるエピソードも多数掲載。

3rd Step 好みの環境や場所を覚える

たとえば林1つをとっても、樹冠ではオオルリ、中間層ではキビタキ、薮ではウグイス、地上ではツグミの仲間といったように、野鳥によって見られるポイントは違ってくる。この本では、野鳥ごとに詳しく紹介しているので、鳥を探すときの参考にしてほしい。

ルリビタキのいる木の梢。鳥によって好きな場所は違う

3rd Step マイ・フィールドをもつ

苦労なく通える、バードウォッチングができる決まった場所を見つけておこう。四季を通じて何回も通うことで、野鳥を見つける訓練になるし、季節による野鳥の暮らしぶりや、見られる種類の変化がわかってくる。

3rd Step 季節と野鳥の関係を知る

野鳥は季節によって渡りをしているので、四季折々、見られる種類が変わる。どの季節にどんな野鳥が見られるのかを覚えておけば、探すときの手がかりになる。また、図鑑で調べるのも容易になる。季節によって鳴き方が変わることも知っておきたい。

冬の北海道。季節によりベストなフィールドも変わる

出会いを助けてくれる道具たち

図鑑

ポケットサイズのものから、掲載種の多い本格的なものまで、多種多様。写真図鑑が多いが、イラスト図鑑は特徴がわかりやすいのでおすすめ。

双眼鏡

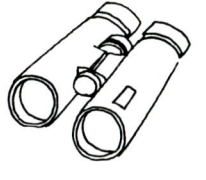

鳥を見るのに1台はもっておきたい。倍率は7〜10倍のものがおすすめ。軽量、防水、高倍率など、さまざまな種類がある。視界が広くて明るいものが、長時間の観察でも疲れない。

帽子

夏は日差しや日焼けから、冬は風や寒さから守ってくれる。ただし、帽子をかぶっていると鳥の声が聞こえにくくなることもあるので注意。

望遠鏡

20〜60倍の倍率で、鳥を大きく見ることができる。三脚が必要になるが、遠くの鳥をじっくり観察したいときにおすすめ。

フィールドノート

鳥を見つけた場所や時期を記録しておこう。あとから役立つオリジナルの観察ノートができる。雨にそなえて、防水性のものもいい。

用語の解説

- **留鳥（りゅうちょう）** ── 1年を通して同じ地域に生息している種、または鳥を指すが、同じ個体が留まっているかどうかはわからない。個体が入れ代わっていても、同じ種が生息していればその種を留鳥と呼んでいる。
- **漂鳥（ひょうちょう）** ── 繁殖地と越冬地を日本国内で移動している種、または鳥。
- **旅鳥（たびどり）** ── 繁殖は日本より北の国で行い、日本より南の国で越冬し、春と秋の渡りの際に日本を通過する種、または鳥。
- **夏鳥（なつどり）** ── 日本より南の国で越冬し、春、日本に渡来し繁殖する種、または鳥。
- **冬鳥（ふゆどり）** ── 日本より北の国で繁殖し、秋から冬、日本に渡来し越冬する種、または鳥。
- **通年（つうねん）** ── 1年を通して。1年中。
- **混群（こんぐん）** ── さまざまな種類からなる群れを指し、日本では、繁殖が行われない秋〜冬に見られる。
- **渡り（わたり）** ── 季節により繁殖地と越冬地を行き来すること。日本では、海を越える行き来を「渡り」、越えない行き来を「移動」という傾向がある。ほとんどの野鳥が渡りをしていると考えられる。
- **平地（へいち）** ── 関東や仙台、濃尾などの平野部。
- **山地（さんち）** ── 亜高山帯以下の落葉広葉樹を主体とした林や、その林で形成された山。
- **高山帯（こうざんたい）** ── およそ標高2,500m以上の、ハイマツを中心とした森林地帯とそれ以上の森林限界域。
- **亜高山帯（あこうざんたい）** ── およそ標高1,500m以上の、シラビソやコメツガなどの針葉樹を主体とした森林地帯。
- **高原（こうげん）** ── およそ標高1,000m以上の草原地帯。
- **里（さと）** ── 人が住んでいる地域。
- **ねぐら** ── 休息や睡眠時に使用する場所で、種類や季節によって異なる。
- **さえずり** ── 主に雄が繁殖期になわばりを主張したり、雌を求めたりするときの鳴き方。複雑でメロディアスな鳴き声。人は美しい声として感じる。
- **地鳴き（じなき）** ── さえずり以外の鳴き声を指し、「チッ」や「クルッ」など単発の鳴き方が多い。
- **換羽（かんう）** ── 古い羽毛や汚れた羽毛が新しい羽毛に抜け変わること。ほとんどの鳥が定期的に換羽する。
- **翼指（よくし）** ── 翼先端が分かれて、人が指を広げたように見える部分。猛禽類の識別に役立つ。
- **帆翔（はんしょう）** ── 翼を羽ばたかせないで飛行する飛び方。ワシやタカなどの猛禽類や、ミズナギドリやアホウドリなどの海鳥が行う。
- **ホバリング（停空飛行）** ── 空中の1点で、翼を羽ばたかせながら停止する飛び方。ノスリやチョウゲンボウ、カワセミ、ヤマセミなどが行う。
- **托卵（たくらん）** ── 自身では巣を作らず、子育てもせず、ほかの鳥の巣に卵を産み入れ育雛（いくすう）してもらうこと。日本に生息するカッコウ類が托卵の習性をもつ。

この本の使い方

この本では、通常の図鑑とは逆に、見つけるときの条件（季節とフィールド）から鳥を探すことができる。巻末の種名索引では、お目当ての鳥が、いつ、どこで見られるのかがひと目でわかる。ぜひ活用して欲しい。

1 季節とフィールドを選ぶ

野鳥は、季節によって見られる種類が入れ替わる。また、同じ季節でもフィールドが違えば、別の野鳥との出会いが待っている。まずは、季節を選んで身近なフィールドに足を運んでみよう。

3 野鳥ごとに出会いのヒントを解説

野鳥は、それぞれに最も見やすい季節とフィールドがある。「この季節」「このフィールド」で"見たい！会いたい！鳥"を取り上げた。各種については、探し方のコツや見やすい時間、鳴き声などをていねいに解説したので、探索のヒントにして欲しい。

2 観察ポイントをチェック

フィールドごとに、野鳥がよく見られるポイントがある。また、同じフィールドでもポイントは季節によって変わる。風景イラストとポイント、そこで見られる野鳥をチェックし、出会いを想像してみよう。

- ●種名、漢字名、留鳥・漂鳥・夏鳥・冬鳥・旅鳥の区分、全長を掲載した。
- ●1年を通して見られる留鳥や漂鳥の場合、特に見やすい・探しやすい季節の項目で取り上げた。
- ●春と秋に日本にやって来る旅鳥の場合、特に春に見やすい・探しやすい種類は春の項目で取り上げた。
- ●雌雄で羽衣が異なる鳥の場合、主に羽色が派手な雄の写真を掲載した。特にキャプションがない写真は、雌雄ほぼ同色であること、季節による羽衣の差があまりないことを示す。
- ●種名の後ろには、探し方のコツを解説したページ数を書き入れた。

1年で240種の鳥と出会う!

次ページから登場する鳥たちは、見つけるポイントやコツを知っていれば、
日本で出会える鳥ばかりだ。さえずりや鳥の立てる物音に気づけば、あと1歩!
鳥はあなたのすぐそばにいる。

ツメナガセキレイ

春の公園

鳥たちが繁殖期を迎え、さえずりが聞かれるようになる。
花見を楽しみながら、鳥たちにも耳や目を傾けてみよう!

❸木の幹・枝・梢
❶上空
❷樹木の花
❹地上

❶ 上空

ツミ
(p.61)

ツバメ
(p.14)

コシアカツバメ
(p.14)

イワツバメ
(p.53)

トビ
(p.98)

ハシブトガラス
(p.14)

ハシボソガラス
(p.14)

❷ 樹木の花

メジロ
(p.15)

ヒヨドリ
(p.14)

❸ 木の幹・枝・梢

ヤマガラ
(p.84)

シジュウカラ
(p.14)

カワラヒワ
(p.15)

オナガ
(p.13)

コゲラ
(p.13)

アオゲラ
(p.28)

❹ 地上

キジバト
(p.13)

カササギ
(p.13)

ムクドリ
(p.15)

ツグミ
(p.84)

スズメ
(p.15)

ハクセキレイ
(p.41)

キジバト （雉鳩）　　　　留鳥／33cm

人家周辺で普通に見られる。電線やアンテナなどにとまり、低い声で「デデッ、ポッポー」とよく鳴く。芝生など開けた場所で、単独で歩いているハトを探す。

コゲラ （小啄木鳥）　　　　留鳥／15cm

公園の林や雑木林などで普通に見られるキツツキの仲間。「ギー」とよく鳴き、その声で存在に気づくことも多く、木の幹を上る鳥を探す。秋から冬はシジュウカラ（p.14）などと混群を作る。

オナガ （尾長）　　　　留鳥／37cm

本州の中部地方以北の平地から山地に生息。小群で生活し、移動中は「グェー」という声でよく鳴く。木から木へと移動するので、声を聞いたら木の上方を探す。

フクロウ （梟）　　　　留鳥／50cm

繁殖期の2〜6月に鳴くが、特に繁殖の始まる2月頃によく鳴くので、日没後に歩いてみる。「ホーホー、ゴロスケホーホー」と低い声が聞こえれば、巣が近くにあるかもしれない。社寺林や太くて大きな木がある場所がねらい目。北海道の亜種エゾフクロウは冬期、日中にねぐらの穴から上半身か全身を出していることが多い。

カササギ （鵲）　　　　留鳥／45cm

九州の佐賀平野、北海道苫小牧市などの平地に局地的に生息。玉状の大きな巣を作りよく目立つ。電線やアンテナ、電信柱などの上を探す。地上で採食するので、芝生や畑も要チェック。

ハシボソガラス （嘴細鴉）　留鳥／50cm

大きな黒い鳥を探す。街中より河川敷や農耕地など開けた場所を好み、足を交互に出して歩きながら食べ物を探す。鳴き声は「ガーガー」と多少にごる。

ハシブトガラス （嘴太鴉）　留鳥／57cm

大きな黒い鳥を探す。街中に多く、ゴミをあさるカラスの大半はハシブトガラス。本来は山地にすみ、林のある場所を好む。鳴き声は「カーカー」とにごらない。

シジュウカラ （四十雀）　留鳥／14cm

春は見晴らしのよい場所で「ツピーツピーツピー」と、よく通る声でさえずる。アンテナや電線、木の梢などを探す。人家周辺の公園や雑木林、山地など、少しの林があれば普通に見られる。

ツバメ （燕）　夏鳥／17cm

人家周辺で普通に見られるが、泥のない都会では少ない。燕尾で、羽ばたかずに滑空する鳥に注目。夏は大きな集団を作り、河川敷などのヨシ原をねぐらにする。

コシアカツバメ （腰赤燕）　夏鳥／19cm

人家のコンクリート部の下や橋げたなどに巣を作る。局地的に渡来。飛ぶ姿はツバメに似るが、体が大きく燕尾も長い。胸から腹にかけて黒い縦斑がある。

ヒヨドリ （鵯）　留鳥／27cm

花の蜜を好むので、春の花は要チェック。電線やアンテナ、木の梢など見晴らしのよい場所を探す。秋から冬はカキやピラカンサ、ネズミモチなどの木の実を好んで食べる。

メジロ（目白） 　　留鳥／12cm

花の蜜を好み、春はウメやサクラ、ツバキなどの花に注意。鋭い声で「チー」とよく鳴く。秋から冬は木の実（特にカキ）を好む。庭にもよく飛来し、ミカンを出しておくとやって来る。

ムクドリ（椋鳥） 　　留鳥／24cm

公園の芝生や河川敷、畑など開けた場所で、足を交互に出して歩く鳥を探す。春はペア、もしくは数羽のことが多い。秋から冬は、街中の街路樹に数百から数千羽でねぐらをとることがある。

スズメ（雀） 　　留鳥／14cm

秋から冬は若いスズメが群れを作り、特に稲刈りの後の田んぼで鳥の大群がいたらスズメの可能性が高い。スズメをよく見ることが、ほかの鳥の発見につながる。

カワラヒワ（河原鶸） 　　留鳥／15cm

春は電線や木の梢などにとまることが多い。また、タンポポの咲いている草地をチェック。夏から初秋はヒマワリの種子をよく食べるので、農地をチェック。

■ ヤツガシラの冠羽の枚数は？

　ヤツガシラ（八頭・戴勝、27cm）は毎春、渡り途中に南西諸島、特に与那国・石垣・西表・宮古の島々に飛来する。日本では珍鳥で、人気の高い鳥だ。冠羽を広げるといくつにも分かれるので"八つ頭"と名づけられたが、実際は8つ以上に分かれる。じつは、冠羽は20枚を超える。ヤツガシラが必ず冠羽を広げるのは枝や地面に着陸する瞬間。両足が着く前に冠羽を広げ、着陸後も短い時間だが冠羽は広げたままになる。飛んでいるヤツガシラを見たら、逃さず追おう。

春 の田んぼ

車の中から静かに観察すると、間近で見られることも。
田植えの時期なので、農作業の邪魔にならないように。

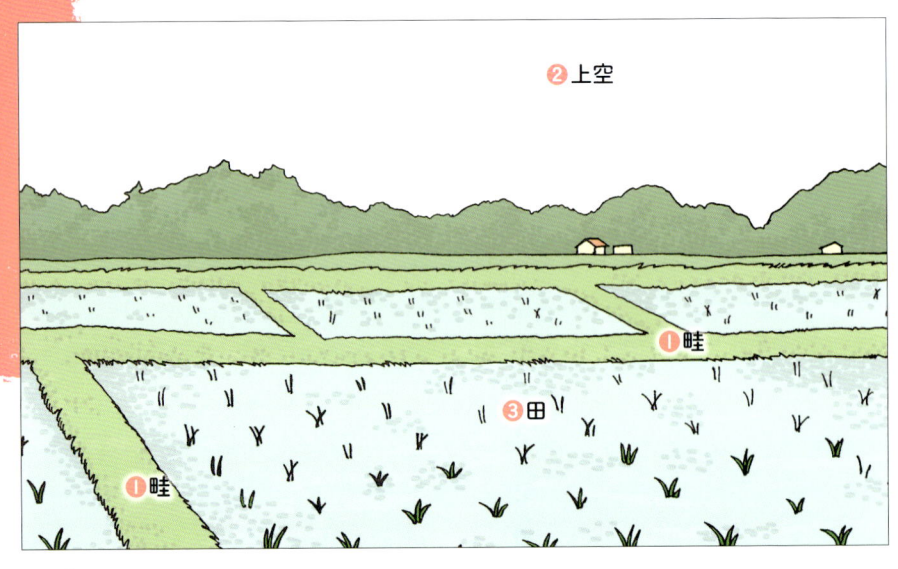

❷上空

❶畦

❸田

❶畦

❶畦（あぜ）

キジ
(p.18)

ヒバリ
(p.40)

ハクセキレイ
(p.41)

ムクドリ
(p.15)

ツグミ
(p.84)

ハシボソガラス
(p.14)

❷上空

トビ
(p.98)

ノスリ
(p.62)

チョウゲンボウ
(p.99)

ツバメ
(p.14)

コシアカツバメ
(p.14)

❸ 田

バン
（p.77）

タゲリ
（p.98）

ケリ
（p.18）

カルガモ
（p.74）

ゴイサギ
（p.77）

ムナグロ
（p.18）

コチドリ
（p.19）

チュウサギ
（p.18）

セイタカシギ
（p.19）

チュウシャクシギ
（p.22）

オグロシギ
（p.66）

タシギ
（p.98）

ツルシギ
（p.66）

アオサギ
（p.70）

ムラサキサギ
（p.18）

アオアシシギ
（p.22）

タカブシギ
（p.19）

キョウジョシギ
（p.23）

アマサギ
（p.18）

ダイサギ
（p.70）

コサギ
（p.70）

オバシギ
（p.70）

トウネン
（p.70）

アカアシシギ
（p.19）

ハマシギ
（p.105）

エリマキシギ
（p.67）

タマシギ
（p.19）

ユリカモメ
（p.77）

カモメ
（p.107）

ウミネコ
（p.107）

キジ（雉） 留鳥／♂80cm、♀60cm

春先から初夏は「ケンケーン」という大きな声で存在に気づく。平地から山地の田畑、牧場、河川敷、林縁部の小高い場所を探す。春先はペアで行動することも多い。

♂

アマサギ（黄毛鷺） 夏鳥／51cm

トラクターなどが田畑の土を掘り返していると、その後を群れで追って飛び出す昆虫などを捕食する。田や畑のサギ類で、春から初夏にオレンジ色の羽毛をもつのはアマサギだけ。

夏羽

ムラサキサギ（紫鷺） 留鳥／79cm

日本では沖縄県の先島諸島だけに生息し、ほかの地域では稀。田や牧草地などで、首の長い大きな茶色っぽい鳥を探す。冬期は同じような大きさのアオサギ(p.70)が渡来するので識別に注意。

チュウサギ（中鷺） 夏鳥／69cm

水田や畑、芝生などで白いサギを探す。渡りの時期は、ほかの白いサギ類が一緒にいるので識別には注意したいが、乾いた場所ではアマサギかチュウサギの可能性が高い。

夏羽

ケリ（計里） 留鳥／36cm

東海から近畿の水田や畑では普通。関東以北では局地的で数も少ない。なわばり意識が強く、外敵が近づくと「ケリッ、ケリッ」と大きく鋭い声を出して飛びながら威嚇するので、すぐにわかる。

ムナグロ（胸黒） 旅鳥／24cm

水田で、ハト大の立ち姿勢の鳥を探す。数十羽の群れで行動することが多い。春は夏羽に移行中の個体が多く、顔から腹にかけての黒さはさまざま。干潟にはあまり入らない。

夏羽

コチドリ（小千鳥）　　夏鳥／16cm

動いては立ちとまる、という行動をくり返す鳥を探す。初夏から夏は、河川中流から下流域の水田や畑、埋立地などで繁殖。外敵が近づくと「ピピピピ…」と鳴き、小走りか飛んで遠ざかる。

アカアシシギ（赤足鷸）　　旅鳥／27cm

足が赤いシギ類は少ないので、まずは足が赤いシギを探す。嘴基部が上下とも赤いのが特徴。北海道の一部(野付半島など)で繁殖し、ハマナスなどの低木でさえずる。

夏羽

タカブシギ（鷹斑鷸）　　旅鳥／20cm

小群で見かけることが多く、黄色い足がよく目立つ。危険が迫ると飛んで逃げ、着陸すると必ず腰を振る。飛ぶときに「ピピピッ」と鋭い声を出す。干潟にはほとんど入らない。

セイタカシギ（背高鷸）　　旅鳥／37cm

水田や干潟で、背の高いスマートなシギを探す。白黒の配色も手がかりになる。東京湾周辺や東海地方の海岸沿いでは留鳥だが、多くは旅鳥として渡来。真っ直ぐな嘴は細長く、長い足は赤く、ほかに見間違えるシギ類はいない。頭部の黒色部の模様には個体差がある。

タマシギ（珠鷸）　　留鳥／23cm

水田や休耕田で、背が低く地上を這うように歩くシギを探す。一妻多夫で、抱卵、子育ては雄が行う。9月になってもヒナ連れの姿が見られることがあり、夏以降は休耕田を探す。

♀

春の干潟

潮の干満時間をしっかり調べ、ベストな時間帯に出かけたい。
場所によっては長靴の用意を!

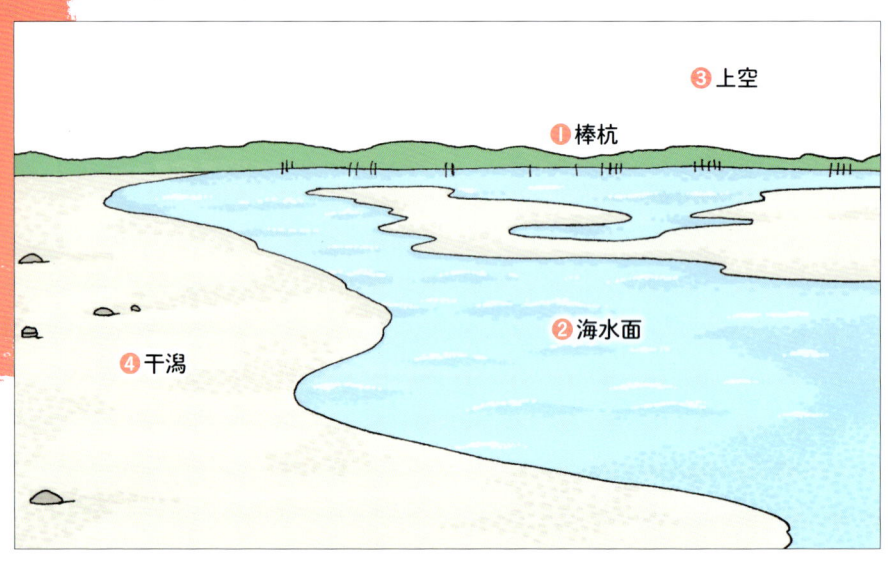

❸ 上空
❶ 棒杭
❷ 海水面
❹ 干潟

❶ 棒杭

コアジサシ(p.40)

ユリカモメ(p.77)

ミサゴ(p.105)

カワウ(p.22)

❷ 海水面

カルガモ
(p.74)

ヒドリガモ
(p.74)

スズガモ
(p.109)

カンムリ
カイツブリ
(p.76)

ハジロ
カイツブリ
(p.76)

❸ 上空

ズグロカモメ
(p.105)

ウミネコ
(p.107)

トビ
(p.98)

ミサゴ
(p.105)

オオセグロカモメ
(p.107)

コアジサシ
(p.40)

ユリカモメ
(p.77)

カワウ
(p.22)

❹ 干潟

カルガモ(p.74)

ダイゼン(p.104)

キョウジョシギ(p.23)

セイタカシギ(p.19)

コチドリ(p.19)

シロチドリ(p.22)

メダイチドリ(p.22)

トウネン(p.70)

オバシギ(p.70)

コオバシギ(p.70)

アオサギ(p.70)

ダイサギ(p.70)

コサギ(p.70)

オオソリハシシギ(p.22)

ウズラシギ(p.71)

ミユビシギ(p.104)

チュウシャクシギ(p.22)

ダイシャクシギ(p.104)

アオアシシギ(p.22)

ハマシギ(p.105)

キアシシギ(p.23)

ソリハシシギ(p.66)

カワウ （河鵜） 　　　留鳥／82cm

池、湖沼、河川、干潟と、外洋以外の魚がいる場所にはどこにでも姿を現す。水辺にいる大きな黒い鳥なので、簡単に見つかる。早朝や夕方は、大きな編隊を組んで飛行する。

婚姻色

シロチドリ （白千鳥） 　　　留鳥／17cm

動いてはとまる、という行動をくり返すチドリを探す。胸にある黒帯は前側でつながらない。河口に近い埋立地や砂浜で繁殖。冬は群れを作って行動することが多い。

メダイチドリ （目大千鳥） 　　旅鳥／20cm

干潟に飛来するポピュラーなチドリ類。頭部から胸が橙色のチドリを探す。秋から冬は橙色がなくなってシロチドリに似るが、体が大きいことや後頭部が白くないことで区別する。

夏羽

オオソリハシシギ （大反嘴鷸） 　　旅鳥／39cm

干潟に飛来するシギ類の常連で、長い嘴がやや上に反る大きなシギを探す。数羽から十数羽の群れで見られることが多い。オグロシギ（p.66）に似るが、背中側の模様がはっきりしている。

夏羽

チュウシャクシギ （中杓鷸） 　　旅鳥／42cm

干潟のほかに、水田や草地にも渡来。長い嘴が下に湾曲する大きなシギを探す。嘴の長さは頭の幅2個分ほど。飛翔時に「ホイピピピピ」と笛のような大きな声で鳴く。1羽から数羽で行動。

アオアシシギ （青足鷸） 　　旅鳥／35cm

干潟のほかに、砂浜や湿地、湖沼の浅瀬などに渡来。ポピュラーなシギ類なのでしっかり覚えたい。渡りの時期は、「チョーチョーチョー」と、市街地でも上空を鳴きながら飛ぶ声を聞く。

キアシシギ （黄足鷸） 旅鳥／25cm

干潟のほかに、砂浜や岩礁地帯、水田にも渡来。採食時は、立ち止まると腰を振る。「ピューイ」とよく鳴く。名前の通り黄色い足が目立つが、これといった特徴がないのも特徴。

キョウジョシギ （京女鷸） 旅鳥／22cm

干潟のほかに、海岸や岩礁地帯、港や水田にも渡来。足が短く体が丸っこいので、地上を這って歩くように見えるシギを探す。小石や貝殻などを嘴でひっくり返しながら歩くのが特徴。

夏羽

海岸の岩礁地帯で見ておきたい2種

イソヒヨドリ（磯鵯、24cm）は岩場を利用して繁殖するが、特に南方に多く、離島では普通に見られる鳥だ。人家の隙間なども利用する。春から初夏はよくさえずり、屋根や電柱、岩の上といった見晴らしのよい場所を探してみよう。最近は内陸部にも進出し、駅構内やビルなどの建物にとまっている姿を見ることがある。

もう1種、海岸で見たい鳥はクロサギ（黒鷺、62cm）だ。クロサギには黒色型と白色型がいて、南西諸島では白色型も多く見られるが、本州では少ない。海岸の、特に潮が引いたときに現れる岩礁地帯がねらい目。河口部ではコサギ（p.70）も姿を現すので、白色型の識別には注意。クロサギは足が黄色い個体が多く、嘴が太い。

♂

イソヒヨドリの生息環境

黒色型

白色型

達人に聞く！
森の鳥探しのコツ

取材と文・編集部

森の中でのバードウォッチングでは、その8割が声による発見だ

道の片側が斜面になっている開けた場所は、鳥を見つけやすい格好のポイントだ

　夏鳥を堪能したいというリクエストに、緑が匂い立つ森を中野さんにガイドしてもらった。
　森の入口で出迎えてくれたのはホオジロ。小さい身体ながら声量は大きく、声がよく通る。さっそく双眼鏡で観察すると、「アオゲラも鳴いていますね」と中野さん。「えっ、まったく聞こえなかったんですけど……」。風が木々の葉を揺らす音、間近で鳴くセミの声、車の走行音、散策路を歩く人の足音など、音の海から鳥の声を聞き分けるコツとは？　「音質が違うから、すぐわかりますよ」。う～ん、その域に達するには時間がかかりそう。
　散策路を歩いていると、ホトトギスの特徴的な声、ウグイスの美声、メジロやガビチョウのさえずりなど、声で野鳥の存在に気づくことが多い。「葉が生い茂った森の中で闇雲に鳥を探

しても見つかりません。まずは声で存在に気づき、それから探しましょう」。
　でも、そもそも声がわからないときはどうすればいいのだろう？　「声から種類がわからなくても、方向や距離、高さなどを把握してから、木の梢や横枝、下薮などをチェックしましょう。このとき、鳥は自分が思っているより遠いところで鳴いている、ということを念頭に探すといいですよ」。声から鳥を見つけることができると、その体験が糧となり、声と名前が一致するようになるのだ。
　声から名前がわかれば、イカルやクロツグミなら木の梢、キビタキなら横枝、ウグイスやヤブサメなら下薮と、探す場所が限定されるので、より効率よく鳥を見つけることができる。ここまで到達すれば、森の散策もぐっと楽しくなる

製品情報：興和光学株式会社　03-5614-9540　http://www.kowa-prominar.ne.jp/

視野が広く明るいコーワYF8×30〈編集スタッフ使用〉は、軽くて鳥を入れやすいので、初心者に最適だ

枯れ木の裏側には、キツツキ類の巣穴があるかもしれない。中野さんは必ずチェックする

アダプターを使ってコーワTSN-553 PROMINARにスマートフォンをつなげば、望遠撮影はもちろん、画面を見ながら複数人で観察したり、鳥のいる場所を確認することもできる

だろう。

　とは言え、森の中で木の梢や上層部を観察するのは難しい。「葉が生い茂った時期であれば、森を見下ろせる斜面の上を走る林道沿いが格好のポイントですよ」。加えて、明るくて見え味のよい望遠鏡や双眼鏡があれば、夏の暗い林内でも、美しい鳥の色をじっくり堪能することができる。特に今回使ったコーワTSN-553 PROMINARは約800グラムと軽量・コンパクトながら見え味は抜群。2時間ほどトレッキングしながら鳥を探したが、まったく疲れなかった。

　「声はすれども姿は見られずですね」。という弱音に、「常になにかいるんじゃないか？という気持ちで探しましょう！」と励ましの言葉。これこそが、自分で鳥を見つける体験と感動を知り尽くす達人の極意なのだ。

**コンパクトで軽い！
抜群の見え味を誇る望遠鏡**

コーワ
TSN-553 PROMINAR
15〜45倍アイピース付属
対物レンズ有効径：55mm
重量：約800g
希望小売価格：216,000円（税別）
※直視型のTSN-554PROMINARもある。206,000円（税別）

**バードウォッチングの定番機！
入門者に最適**

コーワ
YF8×30
倍率：8倍
対物レンズ有効径：30mm
重量：475g
希望小売価格：12,000円（税別）

夏 の森林①

葉がまだ茂らず、林の中が明るいうちに歩きたい。さえずりだけでなく、木をたたく音や地上を歩く音にも耳を傾けよう。

④樹冠
③樹木中層
②木の幹
①地上

❶地上

マミジロ
(p.31)

クロツグミ
(p.35)

アカハラ
(p.35)

コルリ
(p.31)

❷木の幹

コゲラ
(p.13)

オオアカゲラ
(p.28)

アカゲラ
(p.28)

アオゲラ
(p.28)

ヤマゲラ
(p.28)

キバシリ
(p.93)

ゴジュウカラ
(p.92)

summer

❸ 樹木中層

アカショウビン
（p.28）

アオバズク
（p.28）

コルリ
（p.31）

コサメ
ビタキ
（p.29）

エナガ
（p.84）

キビタキ
（p.29）

サンコウチョウ（p.28）

カケス
（p.29）

コガラ
（p.92）

ヤマガラ
（p.84）

シジュウカラ
（p.14）

アオジ
（p.85）

クロジ
（p.31）

❹ 樹冠

コムクドリ
（p.29）

センダイムシクイ
（p.29）

エゾムシクイ
（p.29）

ニュウナイスズメ
（p.29）

メジロ
（p.15）

アオバズク （青葉梟）　夏鳥／29cm

5〜7月に太い木がある神社や山地の道路を夜に歩き、「ホッホー、ホッホー」という太い声を探す。声が聞こえたら枯れ木・枝、電線などを懐中電灯で照らす。

アカショウビン （赤翡翠）　夏鳥／27cm

山地の渓流や湖沼に面する林（ブナ林）に渡来し、特に日本海側に多い。よく鳴く5月中旬〜下旬がねらい目。南西諸島の亜種リュウキュウアカショウビンは数が多く見つけやすい。

オオアカゲラ （大赤啄木）　留鳥／28cm

アカゲラに似るが、背に大きな白斑はなく、胸から腹にかけての縦斑が目立つ。声だけでアカゲラとの区別はできない。繁殖期がほかのキツツキ類より少し早く、活発に動く5月は特に注意。

アカゲラ （赤啄木鳥）　留鳥／24cm

1年を通してよく鳴くので、「キョッ」という声に注意。枯れ木・枝は常にチェック。繁殖期、巣の中のヒナは「ギョンギョン…」と連続した声を出す。北海道では、冬は庭のエサ台にも来る。

アオゲラ
（緑啄木鳥）　留鳥／29cm

日本固有種（北海道、南西諸島以外）。口笛のような「ピュー、ピュー、ピュー」という声で気づく。秋から冬はホオノキやガマズミなどの木の実もよく食べる。市街地の公園にも通年生息。

ヤマゲラ
（山啄木鳥）　留鳥／30cm

北海道の平地から山地の林に生息。よく鳴く4〜6月が探しやすい。「ピョッピョッピョッ…」と口笛に似た声。地面でアリを採食することも多く、倒木や木の根元も探そう。

サンコウチョウ
（三光鳥）　夏鳥／♂44cm、♀17cm

平地から山地のスギが混じる暗い林に渡来。「ツキヒホシ、ホイホイホイ」と鳴くが、「ツキヒホシ」の前に出す「ギィ、ギィ」という声を覚えておこう。よく水浴びをするので、沢も要チェック。

summer

カケス （懸巣）　留鳥／33cm

林の中をハト大の鳥が飛んだら注意。フワフワした感じで飛び、腰の白さが目立つ。冬は市街地の雑木林に下りることも。「ジェー」としわがれた声が特徴的。

エゾムシクイ
（蝦夷虫喰）　夏鳥／12cm

木の上方の葉が茂る場所で活動する。鳴き声が頼りになるが、ムシクイ基本3種の中でもっとも見つけにくい。金属的な声で「ヒーツーキ、ヒーツーキ」とさえずる。

センダイムシクイ
（千代虫喰）　夏鳥／13cm

忙しく動きまわるので、声が聞こえたら木の上方を探す。「チヨチヨビー」とさえずる。渡り途中の4月下旬〜5月上旬には、市街地の公園の林も通過する。

コムクドリ （小椋鳥）　夏鳥／19cm

東北地方から北海道に多く、山地の林縁部、農耕地、河川敷、高原などに渡来。枯れ木や電線の上を探す。さえずるときは木の梢が多い。地面にはあまり降りないのも特徴の1つ。

♂

コサメビタキ （小鮫鶲）　夏鳥／13cm

木の梢や上方の横枝など、見晴らしのよい場所を探す。飛翔時に「キー」と鳴いたり、虫を捕らえるときに「パチン」という音を出す。渡りの時期は市街地の公園でも見られる。

キビタキ （黄鶲）　夏鳥／14cm

林の中層で活動するので、さえずりを聞いたら横枝を探す。場所を変えながら鳴くので動きにも注意。「ピッコロ、ピッコロ」と軽やかにさえずる。渡りの時期は、市街地の公園でも見られる。

♂

ニュウナイスズメ （入内雀）　漂鳥／14cm

山地でスズメらしい声がしたらニュウナイスズメと考えてよい。木の上方を探す。北海道では、市街地以外ではスズメよりニュウナイスズメを見ることのほうが多い。関西以西で越冬。

♂

夏 の森林②

森の中の薮は薄暗く、鳥を見るのは難しい。薮から出て採食したり、枝にとまるときをねらい、粘り強く探したい。

- ❷ 薮や木の枝
- ❸ 木の幹
- ❷ 薮・木の枝
- ❶ 地上

❶ 地上

キジ(p.18)　ヤブサメ(p.31)　マミジロ(p.31)

クロツグミ（p.35）　アカハラ(p.35)　コルリ(p.31)

❷ 薮・木の枝

ウグイス(p.31)　ヤブサメ(p.31)　コルリ(p.31)

アオジ(p.85)　クロジ(p.31)

❸ 木の幹

ゴジュウカラ (p.92)

コゲラ(p.13)　アカゲラ(p.28)　アオゲラ(p.28)　ヤマゲラ(p.28)　キバシリ(p.93)　オオアカゲラ(p.28)

ウグイス （鴬）　　　漂鳥／♂16cm, ♀14cm

笹薮のある林なら低地から高山まで幅広く生息するが、薮の中でさえずることが多く姿を見るのは難しい。亜高山帯や高原では木の梢で鳴くことも多い。冬は市街地の薮などで見られる。

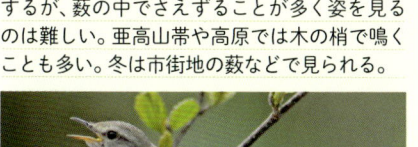

ヤブサメ （薮鮫）　　　夏鳥／10cm

地表近くの薮で鳴くことが多く、探すのはきわめて難しい。4月中旬ごろから渡って来るので、葉が茂る前に声を頼りに探したい。「シシシシシシ…」と虫が鳴いているような声でさえずる。

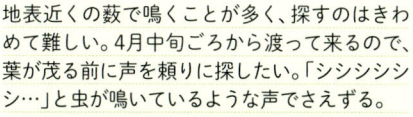

コルリ （小瑠璃）　　　夏鳥／14cm

標高1,000m前後の、下薮のあるやや薄暗い落葉広葉樹林帯に渡来。渡って来たばかりのときは、横枝の先や木の梢など同じ場所で長い時間鳴くので、葉が茂る前の初夏に探したい。「チッチッチッチッ」という前奏の後、「チンカラカラカラカラ…」や「チーチュルチーチュル」などとさえずる。林の中の遊歩道で採食することもあるので、地上を歩く小鳥にも注意。

♂

マミジロ （眉白）　　　夏鳥／23cm

深い森を好み渡来数も多くないので、見るチャンスは少ない。早朝の薄暗い時間帯から「キョロリン」とさえずるので、日の出前後がねらい目。声を頼りに木の梢や上方の横枝を探す。遊歩道などで採食することもある。

♂

クロジ （黒鵐）　　　漂鳥／17cm

林床に笹薮がある薄暗い林に生息。横枝を丹念に探す。「フィー、チーチー」と、やわらかい声を林が薄い場所で声を聞いたらチャンス。冬は市街地の公園にも飛来する。

♂

夏の森林③

林の外から、木の梢や電線など見晴らしのよい場所でさえずる夏鳥をしっかり観察。上空を飛ぶタカ類にも注意。

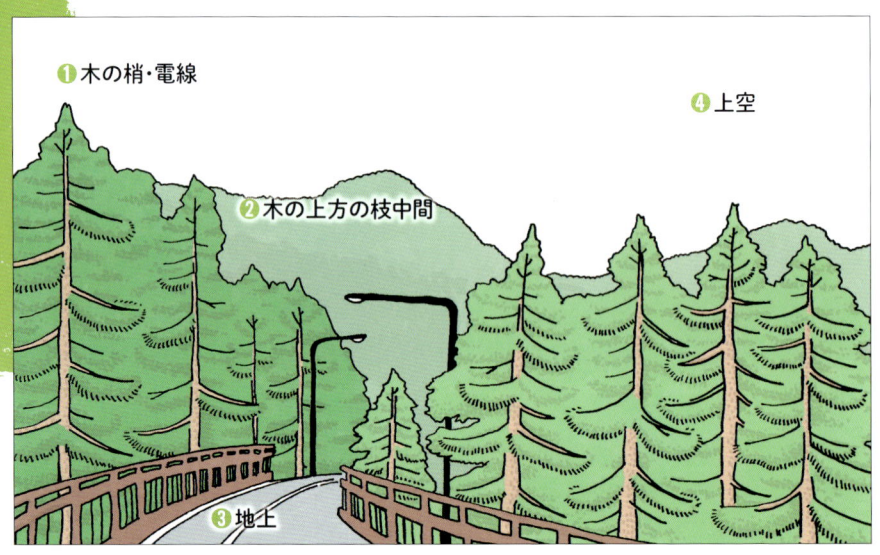

❶木の梢・電線

❹上空

❷木の上方の枝中間

❸地上

❶木の梢・電線

ツツドリ(p.34)　カッコウ(p.53)　ブッポウソウ(p.34)　サンショウクイ(p.35)

ヒガラ(p.92)　コムクドリ(p.29)　クロツグミ(p.35)

アカハラ(p.35)　コサメビタキ(p.29)　オオルリ(p.35)　ニュウナイスズメ(p.29)

ホオジロ(p.35)　アオジ(p.85)　ノジコ(p.35)

❷ 木の上方の枝中間

ホトトギス(p.34)

ジュウイチ(p.34)

マミジロ(p.31)

イカル(p.87)

❸ 地上　## ❹ 上空

ヨタカ
(p.34)

キセキレイ
(p.37)

ハリオアマツバメ(p.34)

ハチクマ(p.61)

トビ(p.98)

オオタカ(p.61)

ハイタカ(p.61)

ノスリ(p.62)

サシバ(p.61)

イワツバメ(p.53)

サンショウクイ(p.35)

ジュウイチ （十一）　　　夏鳥／32cm

「ジューイチ」という声が聞こえたら、広葉樹の中間の枝を探す。時折、枯れ枝にとまって鳴くので、粘り強く探そう。オオルリやコルリに托卵するので、それらの生息場所では出会いの確率が高まる。

ホトトギス （杜鵑）　　　夏鳥／28cm

ウグイスに托卵するため、平地から亜高山帯に渡来。木の中間の枝先にとまって鳴くことが多い。飛びながらもよく鳴くので、上空も注意したい。「キョキョ、キョキョキョキョ」と鳴く。

ツツドリ （筒鳥）　　　夏鳥／32cm

カッコウの仲間ではもっとも早く渡来。「ポポッ、ポポッ」と筒を叩いたような声が聞こえたら、稜線の木の梢を探す。北海道では平地にも生息し数も多く、出会いのチャンスは高い。

ヨタカ （怪鴟）　　　夏鳥／29cm

夜行性で見るのは難しい。夜中や明け方に道路に降りていることがある。渡りの時期は都市公園で休むこともあり、やや太い横枝に注意。「キョキョキョキョ…」と長く続けて鳴く。

ハリオアマツバメ （針尾雨燕）　夏鳥／20cm

どこに現れるかわからず、常に上空の黒い塊に注意。尾羽は短く角ばり、アマツバメ（p.49）よりずっと大きく感じる。秋のタカの渡りポイント（p.60）ではしばしば見られる。

ブッポウソウ （仏法僧）　　　夏鳥／30cm

局地的に渡来。平地から山地の、周辺に農耕地が広がる林を好む。電線や枯れ木、木の梢などを探す。「ゲッ、ゲッ、ゲゲゲゲ」と、にごった声で鳴く。

サンショウクイ（山椒喰） 夏鳥／20cm

飛びながら「ヒリヒリン、ヒリヒリン」と鳴く。飛んでいるサンショウクイを見つけたら、双眼鏡でしっかり追い続ければ、木の梢にとまったところが見られるかもしれない。

クロツグミ（黒鶫） 夏鳥／22cm

比較的低い山地にも渡来。木の梢でさえずることが多く「キョロリ、キョロリ、キーコキーコ」と大きな声が聞こえたら、木の梢を丹念に探す。日中は、地上で採食することが多い。

アカハラ（赤腹） 漂鳥／24cm

よくさえずる早朝と夕方がねらい目。「キョロン、キョロン、チー」という声が聞こえたら、木の梢を探す。日中は、林道や散策路などで採食することが多い。冬は、公園の薄暗い地上を探す。

オオルリ（大瑠璃） 夏鳥／16cm

主に渓流沿いの林に渡来し、木の梢でさえずる。長い時間、同じ場所でさえずるので、辛抱強く探してみよう。白い腹がよく目立つことを頭に入れておく。

ノジコ（野路子） 夏鳥／14cm

長野県や新潟県、東北地方の山地に多く渡来。見通しのよい木の梢や横枝の先端、電線などを探す。かなり黄色く見える。さえずりはアオジ（p.85）に似るが、ノジコはよりなめらか。

ホオジロ（頬白） 留鳥／16cm

山地の林や林縁、農耕地、河川敷などさまざまな場所に生息。木の梢や電線など、目につく場所でさえずることが多く、探しやすい。8月でもさえずっている個体が多い。

夏の川（上流）

森林に囲まれた川の上流域は渓谷と呼ばれる。そこに暮らす鳥たちは、川音に負けず大きな声でさえずっている。

❷川側の樹木

❹薮・樹木

❶川面・川岸

❸岩の上

❶川面・川岸

カワガラス（p.37）

オシドリ（p.74）

マガモ（p.74）

❸岩の上

ヤマセミ（p.37）

カワガラス（p.37）

ミソサザイ（p.37）

キセキレイ（p.37）

❷川側の樹木

ヤマセミ（p.37）

ミソサザイ（p.37）

エゾムシクイ（p.29）

オオルリ（p.35）

❹薮・樹木

ウグイス（p.31）

ヤブサメ（p.31）

ヤマセミ （山翡翠）　　留鳥／38cm

1年を通してほぼ同じ河川や湖に生息。川の中にある大きめの石や、川に張り出す木の枝、電線などを探す。水がよどみ、魚が集まる場所がねらい目。飛びながら「キャラッ、キャラッ」と鳴く。

ミソサザイ （鷦鷯）　　留鳥／10cm

渓流でなくてもコケが豊富な場所であれば生息している。張りのある大きな声で複雑にさえずる。渓流では川の中にある大きな石、川岸の岩や倒木の上などを探す。

カワガラス （川烏）　　留鳥／22cm

川の石の上や川岸の泥の上を探す。水中で採食する。川に顔を突っ込んで泳いだり、潜ったりをくり返すので、川面を丹念に探す。飛びながら「ビュッ、ビュッ」と鳴く。

キセキレイ （黄鶺鴒）　　留鳥／20cm

繁殖期、雄は見晴らしのよい場所で「チチン、ツツン、ツーツーツー」などとさえずる。電線や屋根の上、木の梢などを探す。川では石や岩の上、山地の遊歩道や林道上で採食することも多い。

海水を飲むアオバト

　鳥は、嘴に水を含み上を向いて流し込むように水を飲む。しかしハトの仲間は、嘴を水につけ、そのままゴクゴクと飲むことができる。ハト類は木の実などを食べ、食べたものをミルク状に吐き出してヒナに与える。これをピジョンミルクと呼び、ヒナはこれを飲んで育つ。このような生態から、ハトは生まれながらにゴクゴクと液体を飲むことができるのだろう。

　山中にすむアオバト（緑鳩、33cm）は、繁殖期の5〜10月にかけて、海水を飲みにやって来る。アオバトは繁殖期に大量の木の実を食べるのだが、その栄養分を体内に吸収するのに必要なナトリウムを得るため、海水を飲むそうだ。

夏の川(中〜下流)

砂礫地やヨシ原、農耕地など環境の変化に富み、それに伴って見られる野鳥も異なってくる。

❹上空
❷草地・灌木
❶川面・川岸
❸砂礫地

❶川面・川岸

ササゴイ
(p.40)

カルガモ
(p.74)

カイツブリ
(p.76)

カワウ
(p.22)

バン
(p.77)

カワセミ
(p.77)

❷草地・灌木（かんぼく）

モズ
(p.67)

ヒバリ
(p.40)

セッカ
(p.40)

カワラヒワ
(p.15)

ホオジロ
(p.35)

❸ 砂礫地
（さ れき ち）

イカルチドリ
（p.40）

イソシギ
（p.40）

ハシボソガラス
（p.14）

ハシブトガラス
（p.14）

キセキレイ
（p.37）

ハクセキレイ
（p.41）

セグロセキレイ
（p.41）

❹ 上空

カワウ
（p.22）

コアジサシ
（p.40）

トビ
（p.98）

チョウゲンボウ
（p.99）

ツバメ
（p.14）

コシアカツバメ
（p.14）

イワツバメ
（p.53）

ササゴイ （笹五位）　　　夏鳥／52cm

じっと動かずに魚をねらうので、川岸や川の中の石の上、水面に突き出た枝などを探す。河川上空をフワフワと飛ぶ鳥にも注意。飛翔時に「キュー、キュー」と鋭い声で鳴き、存在がわかる。

イカルチドリ （桑鳲千鳥）　　　留鳥／21cm

中流域の河川敷の砂礫地で繁殖する。保護色のイカルチドリは石にまぎれて見つけづらく、丹念に探すしかない。繁殖期はよく鳴くので、「ピィオ」という鳴き声が探索の頼りになる。

イソシギ （磯鷸）　　　留鳥／20cm

湖沼や河川の水際、河川敷を探す。腰を振りながら歩く姿がよく目につく。飛びながら「チリリリ…、チリリッリ…」とよく鳴くので、鳴き声を覚えておくといい。

コアジサシ （小鯵刺）　　　夏鳥／25cm

河川や干潟、海に近い湖沼で、ツバメに似た飛んでいる大きな白い鳥を探す。河口部や埋立地、河川の中州などの砂地や砂礫地で繁殖する。春秋の渡り時期には、干潟で群れが見られる。

夏羽

ヒバリ （雲雀）　　　留鳥／17cm

草地や河川敷、農耕地など開けた環境に生息。春から夏のさえずる時期が見つけやすい。上空でさえずる姿を想像するが、倒木や石の上などの小高い場所で鳴くことも多い。

セッカ （雪加）　　　留鳥／13cm

河川敷や草地、農耕地などに生息。「ヒッヒッヒッヒッ」と鳴きながら上昇し、「チャチャッ、チャチャッ」という舌打ちのような声とともに飛びまわる。枝や草先に降りるときがねらい目。

ハクセキレイ (白鶺鴒) 留鳥／21cm

河川、池や湖沼、農耕地、芝生など開けた場所ならどこにでもいる。白黒で尾羽が長く、地上を歩くスズメより少し大きな鳥を探す。「チュチュン、チュチュン」と、飛びながら鳴くことが多い。

セグロセキレイ (背黒鶺鴒) 留鳥／21cm

河川中流域の砂礫地や川中の石上を探す。繁殖期は、木の枝や屋根の上もチェック。雄がさえずっていることがある。鳴き声は「ジジッ、ジジッ」とにごり、ハクセキレイとは異なる。

南西諸島のアジサシ類

日本は南北に長く、北にはカモメの仲間、南にはアジサシの仲間が多く生息している。同じカモメ科の鳥だが、すみ分けているのだ。

さて、日本でもっともよく見られるアジサシ類はコアジサシで、春に南から渡来し、河川の中州や埋立地などで繁殖する。しかし、南西諸島ではコアジサシのほかに、クロアジサシ、エリグロアジサシ、ベニアジサシ、マミジロアジサシなどが見られる。

アジサシ類は集団で繁殖し、外敵が現れると群れで追い出しにかかる。幸いなことに、南西諸島にはカラス類や猛禽類が少ないため、アジサシ類は人間生活に近い岩礁地帯や小さな島など、間近で観察できる場所で繁殖している。夏、南西諸島を訪れたら、アジサシ類の生活をのぞいてみよう。雄が雌に魚をプレゼントする場面や、子育ての様子が見られるかもしれない。

クロアジサシ

エリグロアジサシ

ベニアジサシ

マミジロアジサシ

夏 のヨシ原

池などの周りに発達するヨシ原。水鳥と小鳥を同時に楽しむことができるポイント。帽子などの日よけ対策をしっかりと!

⑤上空

④樹木

③ヨシ原

②ヨシ原の根元

①湖沼

①湖沼

| カルガモ (p.74) | カイツブリ (p.76) | カンムリカイツブリ (p.76) |

バン (p.77) ／ オオバン (p.77)

②ヨシ原の根元

ヨシゴイ (p.43) ／ アオサギ (p.70)

ダイサギ (p.70) ／ コサギ(p.70)

⑤上空

カワウ(p.22)

コアジサシ (p.40)

トビ(p.98)

チュウヒ(p.99)

ツバメ(p.14)

③ヨシ原

ヨシゴイ (p.43) ／ カワセミ (p.77) ／ オオセッカ (p.43)

オオヨシキリ (p.43) ／ コヨシキリ (p.43) ／ コジュリン (p.43)

④樹木

カッコウ (p.53) ／ モズ (p.67)

ホオジロ (p.35) ／ ホオアカ (p.53)

オオセッカ（大雪加）　　漂鳥／13cm

繁殖地は局地的。茨城県の利根川周辺や青森県の仏沼が有名。「チョリチョリチョリチョリ…」と、飛びながら早口にさえずる。姿をしっかり追いかけ、着地した場所を丹念に探す。

オオヨシキリ（大葦切）　　夏鳥／18cm

枯れたヨシやヨシ原の中にある木など、見晴らしのよい場所でさえずるので、声が聞こえれば姿は見やすい。「ギョギョシ、ギョギョシ、ケシケシケシ」と大きな声で騒がしくさえずる。

コヨシキリ（小葦切）　　夏鳥／14cm

ヨシ原や高原の草原に渡来するが局地的。北海道では海岸近くの原野や原生花園、湖沼周辺のヨシ原や草原などに普通に生息する。声を聞くことができれば見つけやすい。

ヨシゴイ（葭五位）　　夏鳥／36cm

日本で見られるサギ類の中でもっとも小さい。ヨシにとまり、また水際を歩きながら魚をねらうので、ヨシやその根元を丹念に探す。しばしばヨシにつかまって首を伸ばし、ヨシに擬態する様子も見られる。ハス池にいるときは、ハスの葉の上を歩きながら魚を探すこともあるので、開けた場所もチェックしよう。

コジュリン（小寿林）　　夏鳥／15cm

本州中部地方以北と熊本県の草地、ヨシ原、高原などに局地的に渡来。千葉県と茨城県の利根川沿い、青森県の仏沼は繁殖地として有名。声さえ聞こえれば見つけるのは簡単。

夏の北海道原生花園

❹上空

❷樹木の横枝

❶花・灌木の上

❸木道・遊歩道

❶花・灌木の上

アカアシシギ
(p.19)

マキノセンニュウ
(p.46)

シマセンニュウ
(p.46)

エゾセンニュウ
(p.46)

ノゴマ
(p.46)

ノビタキ
(p.53)

ツメナガセキレイ
(p.46)

コヨシキリ
(p.43)

ベニマシコ
(p.85)

アオジ
(p.85)

ホオアカ
(p.53)

オオジュリン
(p.100)

6月中旬から7月上旬が適期。原生花園に咲くさまざまな花と野鳥との共演。
本州では見られない野鳥を堪能しよう！

❷ 樹木の横枝

カッコウ
（p.53）

アリスイ
（p.46）

❸ 木道・遊歩道

ヒバリ
（p.40）

ノビタキ
（p.53）

ノゴマ
（p.46）

❹ 上空

オジロワシ
（p.101）

オオジシギ
（p.46）

ヒバリ
（p.40）

ツバメ
（p.14）

ショウドウツバメ

アオジ
（p.85）

オオジシギ （大地鷸）　　　夏鳥／30cm

飛びながら「ジェッジェッジェッ、ズビャクズビャク」と鳴き、尾羽を広げて「ザザザザ…」と音を出して急降下する。電線や電柱、木の梢などにとまってさえずること多いので注意する。本州では高原などに渡来。

アリスイ （蟻吸）　　　漂鳥／18cm

北海道と東北地方の一部に渡来し、木の洞などで繁殖する。灌木がまばらに生える環境を好む。「ケッケッケッケッ…」という鳴き声をしっかり覚えよう。地面でアリを採食する。

マキノセンニュウ
（牧野仙入）　　　夏鳥／12cm

よくさえずる早朝から9時ごろがねらい目。地上から少し突き出た枝や草の上を探す。虫の音のような声で「チリチリチリチリ…」とさえずる。

シマセンニュウ
（島仙入）　　　夏鳥／16cm

早朝と夕方のさえずる時間帯がねらい目。ハマナスやシシウドの花の上を探す。日中は時折、下薮から飛び出し、飛びながらさえずる。

エゾセンニュウ
（蝦夷仙入）　　　夏鳥／18cm

「トッピンカケタカ」という大きな声が特徴。声はすれども姿は見えずの典型的な鳥。林縁部に多く、林縁の草むらや近くの木々を粘り強く探す。

ノゴマ （野駒）　　　夏鳥／15cm

北海道東部から北部に渡来。見晴らしのよい場所でさえずるので、声に気づけば見るのは簡単。遊歩道で採食することも多く、地上を背を丸めて早足で歩いている鳥を探す。

ツメナガセキレイ （爪長鶺鴒）　　　夏鳥／17cm

北海道北部からオホーツク海側の原生花園に局地的に渡来。草や花の上を探す。飛びながら「ジジッ、ジジッ」と鳴く。南西諸島や日本海側の島では、春と秋の渡りの時期に見られる。

summer

夏の北海道原生花園では、出会いのチャンスも多いノビタキ

■ "子育て中"の見分け方

　食べ物をくわえて枝にとまる・飛んでいく、というのは親鳥がヒナに食べ物を運ぶ行動で、近くに巣があることを示している（そのような親鳥に出会ったら、その場から離れよう）。

　親鳥がヒナに食べ物を与える方法は、①食べ物をくわえて巣に帰る方法と、②一度飲み込んでから巣に戻り、吐き出して与える、という2つの方法がある。これは科によってほぼ決まっており、ヒタキ科の鳥は"くわえタイプ"、アトリ科の鳥は"吐き出しタイプ"。ところがキツツキの仲間は、コゲラやアカゲラ、オオアカゲラは"くわえタイプ"で、アオゲラやヤマゲラ、クマゲラは"吐き出しタイプ"。"くわえタイプ"はヒナを育てているとわかるが、

"吐き出しタイプ"はわからない。行動を注意深く観察して、接し方を判断したい。

餌を呑み込んできたアオゲラ

夏の高山

7月、山地の鳥たちを探しづらくなったら高山へ出かけよう。
高山でのバードウォッチングは、7月からがハイシーズン！

❸上空

❶ハイマツの上

❷岩場

❶ハイマツの上

ホシガラス
（p.49）

カヤクグリ
（p.49）

❷岩場

ライチョウ
（p.49）

イワヒバリ
（p.49）

❸上空

ルリビタキ
（p.85）

アマツバメ
（p.49）

チョウゲンボウ
（p.99）

ウソ
（p.51）

イヌワシ

アマツバメ （雨燕）　　　夏鳥／20cm

山地の崖や海沿いの岸壁などに渡来し、岩場の割れ目などに営巣する。飛んでいる姿を見ることがほとんどなので、常に上空に注意を払う。集団で飛ぶときは「ジュリリリ…」とよく鳴く。

ホシガラス （星鴉）　　　留鳥／35cm

亜高山帯から高山帯で「ガー、ガー」という声がしたら、木の梢を探す。秋はハイマツなどの木の実を貯食する。食べる場所が決まっているので、松ぼっくりの残骸のある場所で待ってみよう。

ライチョウ （雷鳥）　　　留鳥／37cm

北アルプス、南アルプス、新潟県の火打山などのハイマツ帯に生息地は限られる。ゴールデンウィーク前後がねらい目。ハイマツ周辺をよく探す。雄は岩などに登ってなわばりを見張る。もっとも見やすいのは立山室堂平。7〜8月にかけては、雌親がヒナを連れて歩く姿が見られる。

♂

♀

富山県の立山室堂平では、ライチョウを間近に観察できる

イワヒバリ （岩雲雀）　　　留鳥／18cm

高山帯の岩場で、地面を動くものに注意する。さえずりが聞こえたら、見晴らしのよい岩の上や山小屋の屋根の上などを探す。警戒心が薄く、じっと待てば近寄って来ることがある。

カヤクグリ （萱潜）　　　漂鳥／14cm

鳴き声が聞こえたら木の梢や岩の上を探す。ハイマツの根際で採食することが多い。冬は平地から山地の雑木林などで越冬し、地上で採食。1年を通して「チリリリ…」と鈴の音のような声で鳴く。

夏 の亜高山

6月初旬、新緑の時期を迎えると、亜高山の森は鳥たちのさえずりに包まれる。防寒対策をしっかり、探鳥したい！

① 木の梢
② 樹冠
③ 倒木・幹

① 木の梢

ホシガラス(p.49)

ヒガラ(p.92)

ウグイス(p.31)

ルリビタキ(p.85)

サメビタキ(p.51)

オオルリ(p.35)

カヤクグリ(p.49)

ビンズイ(p.53)

ウソ(p.51)

② 樹冠

ジュウイチ
(p.34)

ホトトギス
(p.34)

キクイタダキ
(p.51)

コガラ
(p.92)

メボソムシクイ
(p.51)

クロジ
(p.31)

③ 倒木・幹

ゴジュウカラ
(p.92)

キバシリ
(p.93)

コマドリ
(p.51)

ミソサザイ
(p.37)

summer

キクイタダキ（菊戴）　漂鳥／10cm

針葉樹の上方を忙しく動きまわる鳥を探す。7〜8月はヒナが巣立つので、木の下枝で見られるチャンスが増す。冬は市街地の雑木林でヒガラ(p.92)と一緒に行動していることが多い。

メボソムシクイ（目細虫喰）　夏鳥／13cm

木の上方の葉が茂った場所を探す。「ジョリジョリ、ジョリジョリ」とさえずり、亜高山帯では個体数が多いので、鳴き声はすぐにわかる。渡りの時期には、カラ類の混群に混じる。

コマドリ（駒鳥）　夏鳥／14cm

「ヒン、カラカラカラ…」と声量のある声でさえずる。特徴のある声なので、しっかり覚えたい。比較的目立つ場所で長い時間さえずることが多いので、声を聞いたら切り株や横枝、倒木、木の梢などを探す。「ヒン、カラカラカラ…」と1声だけのときは地上で採食中なので、探すのは困難。何回も鳴く声に注目。

サメビタキ（鮫鶲）　夏鳥／14cm

木の梢や上方の横枝など、見晴らしのよい場所を探す。鳴き声や行動はコサメビタキ(p.29)と同じ。渡りの時期は、市街地のカラスザンショウやミズキなどの木の実に注意する。

ウソ（鷽）　漂鳥／16cm

「フィッ、フィッ」と口笛を吹いたような声を手がかりに、木の梢を探す。タンポポの種子を好み、道路脇にも姿を現す。冬から春は市街地の桜並木に注意。蕾を食べるときに「パチパチ」と音がする。

夏の高原

高原地帯は高い木が少なく、鳥の姿を探しやすい。
野鳥とともに高山植物も楽しみたい。

❹ 上空
❷ 木の梢
❸ 樹木の中間
❶ 花・灌木の上
❶ 花・灌木の上

❶ 花・灌木の上

コヨシキリ
(p.43)

ノビタキ
(p.53)

ホオアカ
(p.53)

カワラヒワ
(p.15)

❷ 木の梢

カッコウ
(p.53)

モズ
(p.67)

アカハラ
(p.35)

ビンズイ
(p.53)

ホオジロ
(p.35)

アオジ
(p.85)

❸ 樹木の中間

ホトトギス
(p.34)

ウグイス
(p.31)

コムクドリ
(p.29)

❹ 上空

オオジシギ
(p.46)

アマツバメ
(p.49)

イワツバメ
(p.53)

ヒバリ
(p.40)

トビ
(p.98)

ノスリ
(p.62)

チョウゲンボウ
(p.99)

カッコウ (郭公)　　夏鳥／35cm

托卵相手が幅広く、街中の公園から草原、河原、山地などさまざまな環境で見られる。カッコウの仲間ではもっとも見つけやすく、電線やアンテナ、木の梢など見通しのよい場所を探す。

イワツバメ (岩燕)　　夏鳥／13cm

白い腰が目立ち尾羽はバチ形で、飛んでいる姿がツバメと異なる。ホテルやガソリンスタンドなどに集団で巣を作り、周辺を飛ぶ。街中では、歩道橋の下やビルに集団で巣を作る。

ビンズイ (便追)　　漂鳥／15cm

高原、亜高山帯から高山の開けた場所に生息。見晴らしのよい場所でさえずるので、木の梢や岩の上を探す。冬は暖地のマツが多い林に入り地上で採食する。地面を歩き、尾羽を上下に振る鳥を探す。

ノビタキ (野鶲)　　夏鳥／13cm

本州では標高の高い湿原や高原に渡来するが局地的。北海道では平地から山地の草地、牧草地、原生花園など開けた場所に普通。花の上、木の梢、電線など見晴らしのよい場所にとまるので見つけるのは簡単。虫を捕らえては元の場所に戻る習性を覚えておこう。春と秋の渡りの時期は、農耕地や河川敷を通過する。

♂夏羽

♀

冬羽

ホオアカ (頬赤)　　漂鳥／16cm

本州中部から北海道の高原、草地、原生花園、河川敷などに生息。声を聞いたら木の梢や草花の上を探す。「ピッチョン、チョリチー」と短くさえずる。冬は暖地に移動し、関東以西の河川敷、農耕地などで越冬。

♂

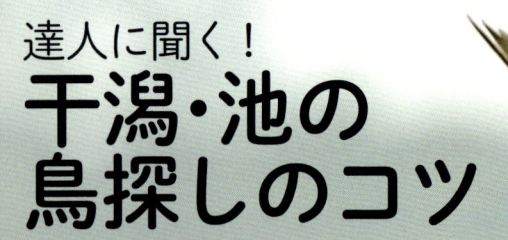

達人に聞く！
干潟・池の鳥探しのコツ

取材と文・編集部

海上を飛ぶコアジサシ。「キリッキリッ」という声で存在に気づくことも多い

干潟と池は、歩きやすく鳥が見つけやすいので初めてのバードウォッチングにおすすめだ。7月の東京某所で中野さんと水辺を歩き、知っておきたい観察ポイントを教えてもらった。

干潟で最初にチェックしたいのは、波打ち際。取り残された小魚などをねらい、コサギやダイサギ、カルガモが歩きまわる。この日はコサギに似たカラシラサギ1羽が混じっていた。

杭や消波ブロックの上も見ておきたい。カワウやカモメなどのほか、春・秋の渡りの時期であればシギ・チドリ類が休むことがある。

海上を飛ぶ鳥にも注意。ひらひらと飛んでいる鳥を双眼鏡で見ると、コアジサシが水面すれすれまで下降し、魚を捕まえようと奮闘していた。観察に集中していると、「双眼鏡をのぞいていても、鳴き声や羽音が聞こえたら顔をあげてみましょう。鳥が近くを横切ったりします。ちなみに、僕は鳥の声が聞こえにくくなるので、帽子はかぶりません」と、中野さん。夏は日差しが強いので、できれば鳥が動く日の出から涼しい朝方に観察したい。

海や干潟で鳥を見つけるコツを聞くと、「1点に集中して探すより、まずは視界を広げてぼーっと見渡すと鳥の姿が目に入ってきます。スコープを肩にかついで近づくと、鳥が驚いて逃げることがあるので、見る場所を決めて、鳥のほうから近づいてくるのを待ってみましょう」とのこと。鳥もこちらを見ているのだ。

一方、池では観察舎（ハイド）の小窓や橋などから比較的近くで鳥を探すことができる。ヨシやガマなどの草の生え際ではカモやサギなどが休み、土のある場所にはクイナの仲間がいる。

干潟での鳥見では潮が引くとき、またはだんだん満ちてくる時間帯がおすすめだ。水が残されている場所や、水路になっている場所もチェックしよう

広い干潟では鳥も遠いので、高倍率の望遠鏡があるといい。風が強いことも多いので、しっかりとした三脚も用意したい

池から突き出た杭の上と草の根元は必ず見ておきたい

製品情報：ニコンカスタマーサポートセンター 0570-02-8000　http://www.nikonvision.co.jp/

遠くを探してしまいがちだが、意外と手前にも鳥がいる

羽色や光の加減によっては、杭の色にまぎれることがある

フンの痕（岩についた白い部分）があれば、よく鳥が来る場所ということだ

ただし、池をのぞいた瞬間に近くの薮から鳥が飛び出すこともあるので、足音を立てないように静かに近づきたい。

じっとのぞいていると目が慣れてきたのか、歩いたりとまったりして採食するコチドリや、薮から出てきたバンに気づいた。「動いている鳥は見つけやすいのですが、いったんとまると周りの色にまぎれるので、池全体を見渡して鳥っぽいものがあれば、ていねいに確認してください」。なるほど、池には最初は何もいないように感じたが、よく見ると石の上で日光浴をしているカメに混じって、カイツブリが休んでいた。

干潟や池では、広視界・高倍率の双眼鏡があると鳥見がぐっと楽しくなる。今回使用したニコンMONARCH HG 10×42はまさに適役で、飛びまわる海鳥も難なく追って、大きく観察で

きる。本格派の双眼鏡だが軽量で、長時間の観察でも首が疲れない。ニコンMONARCH フィールドスコープ 82ED-Sは、防水かつ大口径なので、雨の日や浜でも水を気にせず、遠くの鳥を明瞭に見ることができる。今回は30〜60倍ワイドズームの接眼レンズを装着し、広い視界で鳥の羽などの細部もしっかり観察できた。秋の渡りのシーズンには、水辺にたくさんの鳥がやってくる。お気に入りの場所を見つけて、もっと鳥見を楽しもう。

広い視野全体がシャープでクリア！くっきりと鳥の細部を観察できる

色にじみを抑えた、大口径らしい解像度の高い自然な見え味。

ニコン
MONARCH HG 10×42
倍率：10倍　対物レンズ有効径：42mm
重さ：680g　希望小売価格：120,000円（税別）

ニコン
MONARCH フィールドスコープ 82ED-S
対物レンズ有効径：82mm
長さ：325mm　重さ：1,650g
希望小売価格：165,000円（税別）

ニコン
MONARCH フィールドスコープ専用
接眼レンズMEP-30-60W
希望小売価格：60,000円（税別）

秋 の森林

日本で繁殖していた夏鳥が南へ、北からは冬鳥たちが渡来する季節。夏鳥と冬鳥を同時に見られるのが秋の森林だ。

❶樹冠
❷木の実
❷木の梢
❸木の幹
❹地上

❶樹冠

カケス(p.29)　　コガラ(p.92)　　ヤマガラ(p.84)　　シジュウカラ(p.14)

ヒガラ(p.92)　　エナガ(p.84)　　メボソムシクイ(p.51)　　メジロ(p.15)

アトリ(p.87)　　カワラヒワ(p.15)　　マヒワ(p.87)

❷木の梢・木の実

エゾビタキ(p.58)　　サメビタキ(p.51)　　コサメビタキ(p.29)

❷ 木の梢・木の実

マミチャジナイ(p.58)

シロハラ(p.84)

ツグミ(p.84)

ムギマキ(p.58)

キビタキ(p.29)

オオルリ(p.35)

アカハラ(p.35)

❸ 木の幹

コゲラ(p.13)

アカゲラ(p.28)

アオゲラ(p.28)

ゴジュウカラ(p.92)

キバシリ(p.93)

❹ 地上

マミチャジナイ(p.58)

シロハラ(p.84)

アカハラ(p.35)

ツグミ(p.84)

ホオジロ
(p.35)

アオジ
(p.85)

アトリ
(p.87)

イカル
(p.87)

マミチャジナイ（眉茶鶫） 旅鳥／22cm

ほかのツグミ類と行動をともにすることが多く、ツグミ類の群れを見たら丹念に探そう。秋はツルマサキやミズキ、ズミなどの実、春はナワシログミやキヅタなどの実を食べる。

エゾビタキ（蝦夷鶲） 旅鳥／15cm

秋の渡りの時期に、山地や市街地の公園などに渡来する。木の梢や上方の枝先を探す。ミズキやカラスザンショウなどの木の実もよく食べるので、木の実もチェックしよう。

ムギマキ（麦撒） 旅鳥／13cm

春は日本海側の島などを通過することが多く、秋は内陸の山地や市街地の雑木林も通過する。ほかのヒタキ類と行動をともにすることが多く、小鳥の群れを見たら注意。秋はツルマサキやツリバナ、サンショウなどの木の実もよく食べるので、秋に実が熟す木の実は要チェック。

暗い森に映える赤い鳥

深い森に生息するアカヒゲ（赤髭、14cm）は、「チン、チュルチュルチュル…」とコマドリ（p.51）に似た声でさえずる。林の中〜下層の横枝や倒木、石の上で鳴くが、林の中で見通しがきかないため見つけにくい。とにかく声のする方向を丹念に探すしかない。沖縄本島に生息する亜種ホントウアカヒゲは、比較的目につきやすい場所に現れる。

アカヒゲの分布域

カラ類の貯食と強さランキング

　ある年の秋、知人の別荘のエサ台で、鳥たちのヒマワリの種子をめぐるおもしろい行動が見られた。ヒマワリの種子はシジュウカラなどのカラ類の大好物で、シジュウカラのほかにヤマガラ、コガラ、ヒガラ、ゴジュウカラがやって来ていた。見ていると、そこには強さの順番があり、一番強いのがゴジュウカラ、ついでヤマガラ、シジュウカラ、コガラ、ヒガラの順であった。コガラは体長13cm、ヒガラは11cmで下位にくるのはわかるが、上位の3種はともに14cm。これは図鑑で示す体長が問題なのではなく、尾羽を除いた体の大きさが関係していることがわかった。ゴジュウカラは尾羽が短く、シジュウカラは尾羽が長いが、尾羽を抜いてしまったら、ゴジュウカラのほうがはるかに大きいのだ。

　さて、先ほどのエサ台での強さランキングをこの3種類に絞って見てみると、ゴジュウカラとヤマガラは貯食という習性をもっている。食べ物が少なくなる冬に備え、秋口に貯食するのだ。エサ台では、ヒマワリの種子を持って行ってはどこかへ隠し、またエサ台に現れるというサイクルが早く、弱いシジュウカラにはなかなか順番が回ってこない。種子を食べたい! しかし、エサ台にはゴジュウカラとヤマガラが頻繁にやって来る。そこで、シジュウカラはとんでもない行動に出た。ヤマガラが種子を隠しているところをじっと見て、ヤマガラがエサ台に向かった瞬間、隠した種をほじくりかえしたのである。弱い鳥は弱いなりに知恵を使い、この厳しい自然界をしたたかに生きているのだと、生き物のたくましさに感心した瞬間であった。

ヒマワリの種子を隠すヤマガラ

渡りの時期は公園の雑木林がねらい目

　南の国から渡って来る夏鳥は、まず平地に渡来し、徐々に山へ向かう。ピークはゴールデンウィークごろ。近所の公園の林や雑木林に出かければ、山地へ出向かなければ見られないキビタキやオオルリ、センダイムシクイなどの夏鳥に会えるかもしれない。早朝だったら、美しいさえずりを聞くことができる。

　さらに、珍しい鳥との出会いにも期待できる。これは春ばかりではなく、秋の渡りの時期も同様だ。秋は9月中旬〜10月にかけてがいい。南へ帰る夏鳥だけでなく、エゾビタキ(p.58)やマミチャジナイ(p.58)などの旅鳥との出会いも期待できる。

秋のタカの渡り

壮大なタカの渡りは秋の風物詩。
何種類ものタカを一度に見られるチャンス!

❶上空

❶上空

キジバト(p.13)

アオバト(p.37)

ハリオアマツバメ(p.34)

アマツバメ(p.49)

ミサゴ(p.105)

ハチクマ(p.61)

トビ(p.98)

チュウヒ(p.99)

ツミ(p.61)

ハイタカ(p.61)

オオタカ(p.61)

サシバ(p.61)

ノスリ(p.62)

チョウゲンボウ(p.99)

チゴハヤブサ(p.62)

ハヤブサ(p.62)

ツミ（雀鷹）　　夏鳥／28cm（翼開長57cm）

ハトが羽ばたいているように見える。翼指は5枚。春から夏は平地から山地の林で過ごし、関東地方では市街地の公園などで繁殖する。巣の周辺ではオナガ(p.13)が巣を構えることが多い。

♂(上)と♀(下)

オオタカ（大鷹）　　留鳥／54cm（翼開長117cm）

翼指は6枚でハイタカに似る。翼を水平に保ち、胴体がやや太く白っぽく見えるタカを探す。冬は、カモ類やシギ類、カワラバトが集まる場所で狩りをするので、周辺の木々や鉄塔をチェック。

ハイタカ（灰鷹）　　留鳥／31cm（翼開長70cm）

秋の渡りでは10月ごろから姿が見られ、11月には数が増える。姿形はオオタカに似るが、よりスマート。冬は、冬鳥として渡来する個体が加わり、市街地の公園や雑木林などでも見られる。

♂

ハチクマ（蜂角鷹）　夏鳥／59cm（翼開長128cm）

トビくらいの大きさの、翼を水平に保ったタカを探す。膨らみが大きい翼が特徴。雄成鳥は、尾羽に黒く太い2本の横帯があり、よく目立つ。翼下面や腹側の色合いや模様には、焦げ茶、白、まだら模様など個体差がある。10月に入ると、成鳥の数が減り、幼鳥を見ることが多くなる。

♂

♀

幼鳥

サシバ（差羽）　　夏鳥／49cm（翼開長110cm）

山地から平地の周辺に田んぼが広がる林に渡来。農耕地の木の梢や棒杭、電柱の上をチェック。9月中旬ごろから秋の渡りが始まる。「ピッ、クイー」と飛翔時によく鳴く。南西諸島では冬鳥。

ノスリ （鵟） 留鳥／55cm（翼開長130cm）

帆翔時、翼先端が若干上に向く。翼下面は白っぽく、翼上方にある2つの黒斑が目立つ。冬は、冬鳥として渡来する個体が加わり、河川敷や農耕地などで数が増える。電線や電柱の上、木の梢、棒杭、大きな岩、牧草の塊の上などを探す。

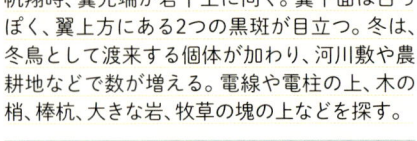

チゴハヤブサ
（稚児隼） 夏鳥／35cm（翼開長78cm）

飛翔形はアマツバメ（p.49）のように見える。スピードも早い。渡り途中、飛びながらトンボを捕らえることがある。夏は中部地方以北の平地から山地へ渡来し、社寺林や公園などの林でカラスの古巣を使って繁殖する。

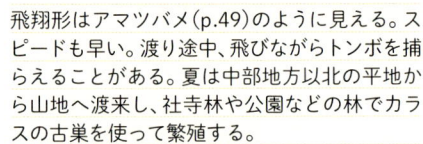

ハヤブサ （隼） 留鳥／45cm（翼開長102cm）

タカの渡りのポイントや、小鳥が渡る岬などの断崖をチェックする。渡りの時期ならば小鳥（特にヒヨドリ）をねらってよく飛ぶため、上空も注意したい。街中のビルで繁殖する個体もいるので、街中でも上空は要チェック。

タカ・ハヤブサの渡りの観察ポイント

❶ 測量山（北海道室蘭市）
10月にはノスリの渡りのピークを迎え、1日に1,000羽を超える日も少なくない。

❷ 竜飛崎（青森県津軽郡）
春、多くの小鳥が北海道へ渡る様子が見られ、それに混じりノスリやオオタカ、ハイタカなどの猛禽類もたくさん渡る。

❸ 白樺峠（長野県奈川村）
9月中旬からハチクマやサシバ、ツミの渡りが始まり、10月に入るとオオタカやノスリ、ハイタカと、秋に多くの猛禽類が通過する。

❹ 伊良湖岬（愛知県田原市）

9月下旬からサシバの渡りが始まり、ハチクマ、オオタカ、ハイタカ、チゴハヤブサなどが通過する。10月に入るとヒヨドリの数が増え、海へ飛び出す姿は壮観。

❺ 内山峠（長崎県対馬）
アカハラダカの数が多く、9月中旬、一度に数千羽、1日に数万羽の渡りが見られる日もある。

❻ 福江島（長崎県五島市）
多くのハチクマが福江島を通過し大陸へ向かう。ピークは9月下旬で、数百羽から1,000羽ほどの渡りが見られる。

❼ 金御岳（宮崎県都城市）

サシバの渡りの名所。10月中旬にピークを迎え、帯状になって西へ向かうサシバの群れは見事。

サシバとハチクマのタカ柱

鳥が好む木の実

　秋は、鳥たちの渡りの季節。日本で繁殖する夏鳥や、日本より北で繁殖し、南の国で越冬する鳥たちが、エネルギーを蓄え南へと渡っていく。エネルギー源となるのは、昆虫や木の実だ。秋に熟す木の実を知っていれば、渡り途中の鳥に出会えるチャンスが広がる。イヌザンショウやカラスザンショウ、ミズキ、タラ、ツリバナ、ツルマサキなど、秋に熟す木の実を覚えておこう。

イヌザンショウ　　カラスザンショウ　　ミズキ

タラ　　ツリバナ　　ツルマサキ

秋の田んぼ

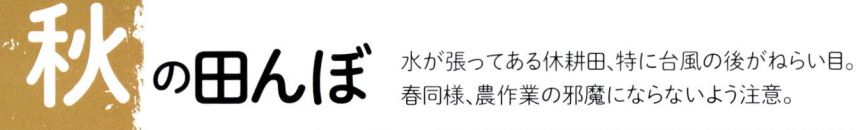

水が張ってある休耕田、特に台風の後がねらい目。
春同様、農作業の邪魔にならないよう注意。

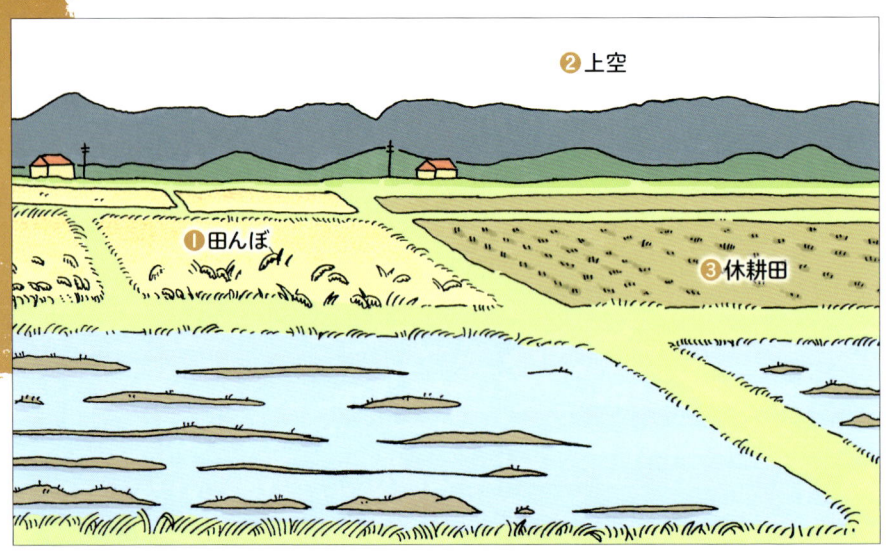

❷上空

❶田んぼ

❸休耕田

❶田んぼ

アマサギ(p.18)

チュウサギ(p.18)

ヒバリ(p.40)

スズメ(p.15)

セッカ(p.40)

ノビタキ(p.53)

モズ(p.67)

❷上空

トビ(p.98)

ノスリ(p.62)

チョウゲンボウ(p.99)

ショウドウツバメ

ツバメ(p.14)

コシアカツバメ(p.14)

イワツバメ(p.53)

❸ 休耕田

カルガモ(p.74)

ダイサギ(p.70)

アオサギ(p.70)

コサギ(p.70)

ケリ(p.18)

ムナグロ(p.18)

コチドリ(p.19)

セイタカシギ(p.19)

タシギ(p.98)

オグロシギ(p.66)

ホウロクシギ(p.66)

ツルシギ(p.66)

アオアシシギ(p.22)

クサシギ(p.98)

タカブシギ(p.19)

ソリハシシギ(p.66)

トウネン(p.70)

エリマキシギ(p.67)

オグロシギ （尾黒鷸）　旅鳥／38cm

嘴が長く真っ直ぐな大きなシギを探す。オオソリハシシギ(p.22)との識別に注意。背中側の模様はのっぺりした印象。水田が中心だが、干潟にも入る。夏羽の頭部から胸は橙色。

幼鳥

ホウロクシギ （焙烙鷸）　旅鳥／63cm

田や干潟などで大きなシギを探す。下に湾曲した長い嘴は頭の幅3個分。よく似るダイシャクシギ(p.104)は田んぼには入らない。夏羽と冬羽の差異はほとんどない。

ツルシギ （鶴鷸）　旅鳥／32cm

足の赤いシギを探す。嘴は真っ直ぐで、基部は下嘴だけが赤く、姿が似るアカシシギ(p.19)と異なる。夏羽は全身黒く、春の渡りのとき、真っ黒いシギはツルシギだけなので見間違えることはない。

冬羽

ソリハシシギ （反嘴鷸）　旅鳥／23cm

足が短いため、地面を這うように歩く背の低い中型のシギを探す。嘴はやや長く上に反り、オレンジ色の足はよく目立つ。とまると腰を振る。夏羽と冬羽の差異はあまりない。

冬羽

神出鬼没のレンカク

　レンカク（蓮鶴、55cm）は、水田やハス田、沼など内陸の湿地に飛来する迷鳥。突然、夏に姿を現したかと思えば、冬を越す個体が現れたりと神出鬼没。「ミャー」と、子猫のような声で鳴くことがある。ふだんのバードウォッチングで見つかることはほとんどない鳥だ。飛来情報があれば、出かけてみよう。大きな葉の上や水深の浅い水際を探せば、見つかるだろう。

エリマキシギ （襟巻鷸）　旅鳥／♂28cm、♀22cm

体がやや大きく、嘴が短いシギを探す。嘴は黒、足はオレンジ色の個体が多い。雄は雌よりひと回り小さい。夏羽は、首から胸に襟巻をしているように見えるが、個体数は秋より少なくなる。

幼鳥

モズ （百舌）　漂鳥／20cm

秋から春は平地の農耕地や河川敷などに生息し、夏は高原地帯に移動する。秋口に「キーギチギチ…」とけたたましく鳴く。アンテナや木の梢など見晴らしのよい場所を探す。

♂

● モズの仲間は希少種だらけ

　モズは身近な野鳥の1種だが、分布は日本と朝鮮半島、中国の一部だけとごく狭い地域に限られる。北海道では夏鳥で、南西諸島ではほとんど目にすることはない。しかし南西諸島でも、冬になるとモズ類が姿を現す。アカモズの亜種シマアカモズが大陸から渡来するのだ。アカモズは以前、夏鳥として山地の林や高原などに広く渡来していたが、20年前頃より激減し、今では見るチャンスは非常に少ない。同じく夏鳥として渡来するチゴモズも、局地的に飛来するので、どこでも見られるわけではない。冬になるとオオモズやオオカラモズが渡来するが、これらも数が少なく滅多に目にすることはない。

　日本ではモズ以外のモズ類はすべてが希少種だ。皆さんは、いったい何種類のモズに出会うことができるだろう？

アカモズ

● 腰を振るシギ5種

　野鳥の識別には、特徴のある行動を知ることも大切だ。シギ・チドリの仲間は色彩や形が似ており、特に秋はどのシギ類も地味な色彩となり識別がより難しくなる。見ているシギ類が何という名前なのか、数十種類の中から検索しなければならないが、そのようなとき、シギが腰を振る仕草に注目したい。

　通常、日本で見られるシギ類の中で腰を振るのは、クサシギ(p.98)、タカブシギ(p.19)イソシギ(p.40)、ソリハシシギ(p.66)、キアシシギ(p.23)の5種だ。もし見ているシギが腰を振っていたら、この5種類の中から探せばいい。数十種類の中から探すより、ずっと楽になる。

クサシギ　　タカブシギ

イソシギ

ソリハシシギ　　キアシシギ

秋の干潟

シギ・チドリ類の渡りは8月ごろから始まり、9月にピークを迎える。
残暑が厳しいときもあるので、熱中症には要注意！

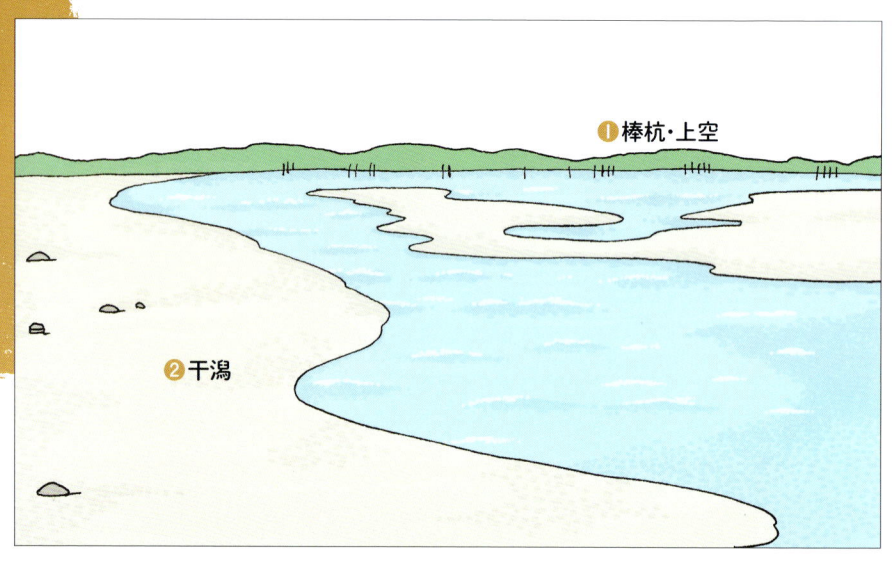

❶棒杭・上空
❷干潟

❶棒杭・上空

カワウ(p.22)

ミサゴ(p.105)

トビ(p.98)

コアジサシ(p.40)

ユリカモメ(p.77)

ウミネコ(p.107)

❷干潟

アオサギ(p.70)

ダイサギ(p.70)

コサギ(p.70)

ダイゼン(p.104)

❷干潟

シロチドリ(p.22)

メダイチドリ(p.22)

ダイシャクシギ(p.104)

セイタカシギ(p.19)

オグロシギ(p.66)

オオソリハシシギ(p.22)

チュウシャクシギ(p.22)

ホウロクシギ(p.66)

アオアシシギ(p.22)

キアシシギ(p.23)

ソリハシシギ(p.66)

キョウジョシギ(p.23)

オバシギ(p.70)

コオバシギ(p.70)

ミユビシギ(p.104)

ハマシギ(p.105)

トウネン(p.70)

ウズラシギ(p.71)

ヘラシギ(p.71)

キリアイ(p.71)

秋
の
干
潟

アオサギ （蒼鷺）　留鳥／93cm

池や湖沼、河川、干潟、水田などあらゆる水辺で
見られる。大きな白くないサギを探す。養魚場
などでは池の縁にとまっていたり、周辺の木の
梢にとまることも多い。

幼鳥

ダイサギ （大鷺）　留鳥／90cm

あらゆる水辺で見られる。嘴は繁殖期以外は黄色
で、繁殖期には黒くなり、目元が青っぽくなる。田畑
では、チュウサギ（p.18）と一緒にいることが多い。
ダイサギは、口角の線が目の後ろまで伸びる。

冬羽

コサギ （小鷺）　留鳥／61cm

あらゆる水辺で見られる。魚食性が強く、乾いた
草地にはあまり入らない。嘴は通年黒く、足指は黄
色。水辺で嘴が黒いサギを探す。繁殖期はダイサ
ギも嘴が黒くなるので、黄色い足指を確認したい。

冬羽

オバシギ （尾羽鷸）　旅鳥／28cm

嘴がやや長く、少し太って見えるシギを探す。
胸の前掛けのような模様が特徴。数羽から数十
羽の群れで動くことが多い。春は、背中側に橙
色の羽毛のあるシギを探す。

幼鳥

コオバシギ （小尾羽鷸）　旅鳥／24cm

より数が多いオバシギを探しながらコオバシギ
を探すのがポイント。背中側の模様がオバシギ
に比べるとのっぺりした印象。夏羽は、頭部から
胸、腹にかけ濃いオレンジ色になる。

幼鳥

トウネン （当年）　旅鳥／16cm

数羽から数十羽の群れでいることが多く、群れ
でちょこまかと動く小さなシギを探す。夏羽は、
顔から首、胸にかけてオレンジ色。干潟のほか、
砂浜や水田、湿地にも入る。

幼鳥

ウズラシギ（鶉鷸） 旅鳥／21cm

最大の特徴は、帽子をかぶったような赤茶色の頭部。春も秋も見られるので、頭部を気にしながら1羽1羽確認して探す。全身茶色っぽく、足は黄緑色で、白いアイリングがある。

幼鳥

ヘラシギ（箆鷸） 旅鳥／15cm

世界的に数が少なく、日本にも稀に単独で飛来する珍しいシギ。頻繁に干潟に通い、出会いのチャンスを増やすことが大事。トウネンの群れに混じることが多い。へら状の嘴を確認する。

幼鳥

キリアイ（錐合） 旅鳥／17cm

干潟のほか、海岸の砂浜や埋立地の水たまり、水田などにも渡来する。干潟で、単独か少数でいるシギを探す。見つけたら、キリアイの特徴である頭の筋を確認する。嘴はやや長く、若干下に湾曲する。足は黄色い。

幼鳥

シギとチドリの違いとは？

　春と秋の渡りの時期、干潟ではシギとチドリの姿を見ることができる。どちらも同じような姿、羽色なので一見同じ仲間に見えるが、よくよく観察していると違いがわかる。それは食べ物の採り方で、シギは常に下を向き、泥の表面や泥の中に嘴を差し入れ、ちょこちょこ歩きながら採食する。

　一方チドリは、立ちどまって左右をキョロキョロと見まわして食べ物を探し、見つけると走り寄って捕らえる。干潟でいつも歩いているのがシギ、よく立ち止まるのがチドリ、と大まかな見分けがつく。

冬 の池

バードウォッチングを始めるのなら、冬のカモ類観察がおすすめ。腰をすえてじっくり楽しもう。

❸ 上空

❷ 陸地

❶ 水面・杭・草の根際

❶ 水面・杭・草の根際

❶ 水面・杭・草の根際

オシドリ(p.74)

ヨシガモ(p.74)

オカヨシガモ(p.74)

ヒドリガモ(p.74)

カルガモ(p.74)

マガモ(p.74)

ハシビロガモ(p.75)

オナガガモ(p.75)

トモエガモ(p.75)

シマアジ(p.75)

コガモ(p.75)

ホシハジロ(p.75)

❷陸地

キセキレイ（p.37）

ハクセキレイ（p.41）

セグロセキレイ（p.41）

タヒバリ（p.100）

❸上空

トビ（p.98）

オオタカ（p.61）

キンクロハジロ（p.76）

ミコアイサ（p.76）

カワアイサ（p.76）

カイツブリ（p.76）

カンムリカイツブリ（p.76）

ハジロカイツブリ（p.76）

カワウ（p.22）

ユリカモメ（p.77）

ダイサギ（p.70）

コサギ（p.70）

アオサギ（p.70）

ゴイサギ（p.77）

バン（p.77）

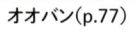

オオバン（p.77）

カワセミ（p.77）

オシドリ （鴛鴦）
漂鳥／45cm

ドングリを主食とするため、林に囲まれた池を好む。昼間は、林に近い薄暗い水面で休むので、水際の木陰などを探す。夏は中部地方以北の山地で繁殖し、6月頃に親子の姿が見られる。

ヨシガモ （葭鴨）
冬鳥／48cm

それほど数は多くなく、渡来する池などは毎冬決まっている。雄の光沢のある緑色の頭部と、尾羽を覆うような長い三列風切に注目しながら探す。「ピョーイ」と、かわいらしい声で鳴く。

オカヨシガモ （丘葭鴨）
冬鳥／50cm

大きな群れは作らず、数ペアでいることが多い。ほかのカモ類に比べると雄は地味な色彩なので、地味なペアを探す。次列風切が白く、翼をたたむと体の後方にその白さが線となって現れる。

ヒドリガモ （緋鳥鴨）
冬鳥／48cm

渡来数が多く、地域によっては河口部や海岸でも見られる。公園などの池にも普通に渡来し、オレンジ色の顔をしたカモを探せば、すぐ見つかる。「ピュー」と、よく通る声で鳴く。

カルガモ （軽鴨）
留鳥／61cm

市街地の公園の池や河川などでも、1年を通して見られるカモ。雄と雌の色彩の違いがほとんどない。嘴が黒く、先端だけが黄色いカモを探す。夏でも見られることから、夏ガモの愛称がある。

マガモ （真鴨）
冬鳥／59cm

河川、湖沼、池などに普通に渡来するポピュラーなカモ。北海道では留鳥で、市街地の公園などで繁殖する。本州でも標高の高い場所で少数が繁殖する。首が緑色で、"アオ首"の愛称がある。

ハシビロガモ (嘴広鴨) 　　冬鳥／50cm

流れのないよどんだ池などを好み、数羽から数十羽で行動する。頭の緑、胸の白、わき腹の茶色のコントラストがはっきりしたカモを探す。しゃもじのような平たい嘴が特徴。

オナガガモ (尾長鴨) 　冬鳥／♂75cm、♀53cm

池や湖沼、河川などに渡来し、特にハクチョウ類に給餌している場所に多い。首から胸が真っ白なカモを探し、長い尾羽を確認しよう。「クリッ、クリッ」「イーティ、イーティ」と鳴く。

シマアジ (縞味) 　　旅鳥／38cm

カモの仲間で唯一、春と秋の渡り途中に渡来。南西諸島は3月、本州は4月、北海道は5月に入ってから飛来し始める。コガモの群れに混じることが多く、コガモのいる春の池は要チェック。

トモエガモ (巴鴨) 　　冬鳥／40cm

1羽から数羽が渡来し、日本海側に多い。石川県の片野鴨池や千葉県の印旛沼には毎年、数千羽が飛来。どの池に渡来するのかわからないので、カモがいれば1羽ずつ丹念に探す。

コガモ (小鴨) 　　冬鳥／37cm

日本で見られるカモの仲間ではもっとも小さい。渡来数は日本海側に多く、数百羽から数千羽の群れで見られ、太平洋側は少ない。太平洋側では川岸や池の端にいることが多い。

ホシハジロ (星羽白) 　　冬鳥／45cm

淡水池に渡来するが、潜水して採食する。頭部が赤茶色の潜るカモを探す。数が多いキンクロハジロ(p.76)と一緒にいることが多いので、キンクロハジロの群れもチェックしたい。

キンクロハジロ （金黒羽白） 冬鳥／40cm

近年は渡来数が増え、公園の池に行けばどこにでもいる。特にカモ類に給餌しているような池は確実。体が丸っこく、背が黒い白黒のカモを探す。後頭の冠羽も特徴的。

ミコアイサ （神子秋沙） 冬鳥／42cm

池や湖沼、河川などに渡来するが局地的。場所によっては数十羽から100羽近くが渡来する池もある。カモ類の中ではひときわ白く、ほかのカモ類と一緒にいれば目立つ。潜水して魚を捕る。

カワアイサ （川秋沙） 冬鳥／65cm

湖沼や河川に渡来し、東日本から北日本に多い。顔を水中に入れて泳ぎ、魚を見つけると潜って捕らえる。体が長く白いカモを探す。警戒心が強いので、近づくときは要注意。

カイツブリ （鳰） 留鳥／26cm

湖沼や池、河川に生息し、1年を通して街中の公園の池でも見られる。冬はカモ類と一緒にいるので、その小ささが際立つ。春から夏の繁殖期は、水鳥が少なくなるので見つけやすい。

冬羽

カンムリカイツブリ
（冠鳰） 漂鳥／56cm

青森県や新潟県、滋賀県など一部の湖沼で繁殖するが、多くは冬鳥として池や湖沼、河川、沿岸に渡来。全身白っぽく首の長い鳥を探す。コガモやキンクロハジロより大きいことが目安。

冬羽

ハジロカイツブリ
（羽白鳰） 冬鳥／31cm

池や湖沼、河川、沿岸に渡来する。数十羽から数百羽の大きな群れで見られることがある。体が丸く、白っぽいカイツブリくらいの大きさの水鳥を探す。

冬羽

バン （鷭） 留鳥／32cm

池や湖沼、河川、水田などの水辺に1年を通して生息。水面を泳ぐ黒い鳥を探す。前後に首を動かして泳ぐ姿が特徴的。成鳥は赤い額が特徴だが、若鳥は黄色味を帯びたり、くすんだ赤色。

オオバン （大鷭） 留鳥／39cm

1年を通して水辺に生息するが、冬期はどの池でも見られるほど激増している。水面を泳ぐ、真っ黒い鳥を探す。額は白く、バンと見間違えることとはない。

ユリカモメ （百合鷗） 冬鳥／40cm

池や湖沼、河川、河口部、港などさまざまな水辺に渡来。市街地でもっともよく見るカモメ類。成鳥では足と嘴は赤く、幼鳥ではオレンジ色。春の渡去前には、頭が濃いチョコレート色になる。

冬羽

カワセミ （翡翠） 留鳥／17cm

冬は市街地の池にも飛来。川の中にある石、水面に飛び出た枝、棒杭や池を囲むコンクリートの上を探す。よくとまる場所は、糞で白く汚れる。「チー」と鋭い声で存在に気づくことが多い。

♂

ゴイサギ （五位鷺） 漂鳥／57cm

多くは夜行性で、日中は休んでいることが多く、池や湖沼周辺の木々やヨシの茂みなどを探す。日中活動するときは、水際で魚をねらうことが多い。幼鳥は模様から"星五位"と呼ばれる。

成鳥

幼鳥

カモの求愛と交尾

マガモの交尾前行動（左）と交尾（右）

　カモ類の多くは冬鳥として日本に渡来し、日本でペアになる。1羽の雌を数羽の雄が取り囲み、首を振って水を飛ばしたり、体を反らしたり、尾羽を上げたり、さまざまなポーズで雌にアピールする。これらの求愛ポーズをとるとき、「ピッ」と声を発するため、数羽が同時に求愛ポーズをとると「ピッピッピッ」と聞こえる。池のほうからその声が聞こえたら、1羽の雌を数羽の雄が取り囲んでいる群れを探してみよう。雄と雌が向き合い、互いに首を上下に動かしたら交尾のサイン。息が合うと雌は体を低くし交尾が行われる。交尾が終わると雄は雌の周りを反時計回りに泳ぎ、水中に体を沈めた雌はその間に羽ばたいて、一連の交尾行動は終わる。

淡水ガモの飛来地

瓢湖（新潟県阿賀野市）
ハクチョウの湖として有名だが、毎冬数万羽のカモも飛来する。対岸の桜並木にはカモをねらうオオタカの姿もよく見られる。そのほか福島潟や佐潟など、新潟県にはカモが楽しめる湖沼がたくさんある。

蕪栗沼（宮城県田尻町）
ガンの飛来地として有名な蕪栗沼、特に蕪栗沼の東に広がる白鳥遊水地と呼ばれる池は、日中、多くのカモが羽を休める。ガンやハクチョウとともに楽しめるポイント。

片野鴨池（石川県加賀市）
最大の特徴はトモエガモ。毎冬、数千羽のトモエガモが飛来し、夕方、一斉に池を飛び出す光景は圧巻。

井頭公園（栃木県真岡市）
ミコアイサやヨシガモ、ときにはトモエガモが見られ、池を取り囲む雑木林にすむ小鳥たちとともにバードウォッチングが楽しめる。

皇居お堀（東京都千代田区）
淡水ガモが種類によって思い思いの場所に暮らす。お堀の周りをゆっくり歩きながら、たくさんの種類のカモを楽しめる。

昆陽池公園（兵庫県伊丹市）
カモ類以外にも、サギ類やカワセミなどの水鳥が楽しめる。カモに対する給餌も行われ、間近でカモ類を観察することができる。

琵琶湖（滋賀県長浜市）
琵琶湖にはたくさんの水鳥が飛来する。湖北町の水鳥公園にはセンターがあり、望遠鏡も完備されているため、初心者でも簡単に水鳥を楽しむことができる。

大濠公園（福岡県福岡市）
冬はカモ類をはじめサギ類、カモメ類など多くの水鳥が見られる。公共交通機関のアクセスもよく、市民の憩いの場所にもなっている。

野鳥写真の極意

　野鳥の写真を撮るには、野鳥の生態を知ることが重要であることは言うまでもない。一にも二にも、ふだんのバードウォッチングは欠かすことができない。その上で、すばらしい写真を撮るための極意がある。

①まずは光の向き。順光か逆光がよく、斜めから光が差し込む斜光は避ける。逆光の場合は朝か夕方がよく、被写体である野鳥が陰になるので、背景も陰になっている場所を選ぶ。

②背景は、野鳥の後ろに何もないほうがすっきりした写真になる。遠い背景を選ぶことによって野鳥の姿が浮かび立つ。後方に枝などがある場合は、野鳥と重ならないようにする。

③花や雪、波しぶきなど、常に季節を取り入れることを念頭に入れれば、季節感のある写真が撮れる。

背景をすっきりさせることにより、野鳥を際立たせることができる

逆光で撮る場合は、暗い背景を選ぶ

雪を取り入れることで、より冬らしくなる

冬のガンとハクチョウ

群れ飛ぶ美しい隊形に感動！
この冬は、ぜひご覧あれ。

ガン類の飛来地

福島潟（新潟県豊栄市）
日本最大のヒシクイの越冬地。カモ類も多く、それらをねらう猛禽類も豊富。広大なヨシ原があり、チュウヒの数も多い。

朝日池（新潟県上越市）
マガン・ヒシクイが越冬し、ときにハクガンも飛来する。池はそれほど広くないため、近くで見ることができる。

片野鴨池（石川県加賀市）
数は多くはないが、毎年マガンが飛来。カモ類も多数飛来し、特にトモエガモは毎年数千羽が越冬する。

米子水鳥公園
（鳥取県米子市）
マガンやコハクチョウ、そしてカモ類と多くの水鳥が越冬にやって来る。

宮島沼（北海道美唄市）
マガンの渡りの中継地で、秋は9月下旬～10月初旬、春は4月下旬～5月上旬がピーク。特に春の渡りの時期には7万羽を超えるマガンが狭い沼に集結する。

十勝平野（北海道豊頃町）
ガン類の渡りの中継地。10月中旬には数百羽のシジュウカラガンやハクガンも見られる。

伊豆沼・蕪栗沼
（宮城県栗原市・田尻町）
日本最大のガン類の越冬地で、毎冬10万羽を超えるガンが飛来する。早朝のねぐら立ち、夕方のねぐら入りは圧巻。

江戸崎入干拓
（茨城県稲敷市）
関東では唯一のヒシクイの越冬地。霞ヶ浦でねぐらをとり、日中は江戸崎入干拓の水田で食べ物を採る。毎年、150羽ほどのヒシクイが越冬する。

ヒシクイ （菱喰）　　　冬鳥／95cm

夜は池や湖沼で過ごし、日中は周辺の田畑で採食。マガンは日の出とともに一斉に飛び立つが、ヒシクイはマガンほどまとまりがない。マガンより太く低い声で「ガハハーン」と鳴く。

マガン （真雁）　　　冬鳥／72cm

夜は池や湖沼で過ごし、日中は周辺の田畑で落ち穂や雑草を食べる。大きな群れを作り、飛翔時には竿状や鉤状の編隊を組む。「カアアーン」と甲高い声で鳴く。

カリガネ （雁金）　　　冬鳥／58cm

マガンと一緒にいることが多く、まずはマガンの大きな群れを探す。マガンの群れが見つかったら「嘴が短くピンク色」という特徴を念頭に、1羽1羽丹念に見ていく。

シジュウカラガン （四十雀雁）　冬鳥／67cm

宮城県の伊豆沼・蕪栗沼が最大の越冬地。マガンと行動をともにしたり、またシジュウカラガンだけの群れを作る。マガンに比べれば渡来数が少ないため、田畑を巡って丹念に探す。

コハクチョウ （小白鳥）　　冬鳥／120cm

本州以北の河川や湖沼に渡来するが、東北地方南部以南に多い。夜は湖沼で過ごし、日中は田んぼで落ち穂などを食べる。オオハクチョウより嘴の黄色部が小さい。

オオハクチョウ （大白鳥）　冬鳥／140cm

本州以北の河川や湖沼に渡来するが、関東地方以北に多い。日中は周辺の田んぼで、家族単位で行動する。越冬地の河川や湖沼、周辺の田んぼへ行けば、まず間違いなく見られる。

冬 の雑木林

平地の雑木林は冬がバードウォッチングをするのにもっとも適した時期。何度も通い、鳥を探す目を鍛えよう!

④ 樹冠
⑤ 木の幹
③ 木の横枝・ベンチ
② 薮の中・薮側の地上
① 開けた地上

① 開けた地上

カケス(p.29)

カササギ(p.13)

ムクドリ(p.15)

ツグミ(p.84)

シメ(p.85)

ハクセキレイ(p.41)

スズメ(p.15)

カワラヒワ(p.15)

❷ 薮の中・薮側の地上

ウグイス(p.31)

トラツグミ(p.84)

シロハラ(p.84)

アカハラ(p.35)

ビンズイ(p.53)

クロジ(p.31)

アオジ(p.85)

ベニマシコ(p.85)

❸ 木の横枝・ベンチ

モズ(p.67)

ヤマガラ(p.84)

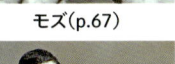
シジュウカラ(p.14)

ヒヨドリ(p.14)

シメ(p.85)

ルリビタキ(p.85)

ジョウビタキ(p.85)

❹ 樹冠

キクイタダキ(p.51)

エナガ(p.84)

ヒガラ(p.92)

オナガ(p.13)

❺ 木の幹

アオゲラ(p.28)

コゲラ(p.13)

アカゲラ(p.28)

エナガ （柄長）　　　　　　留鳥／14cm

平地から山地の林に生息。冬は10羽前後の群れで活動する。北海道には顔の白い亜種シマエナガが生息。「ジュリジュリ」という特徴的な声を頼りに探す。市街地の公園の林にも普通にいるので、出会いのチャンスは多い。

亜種エナガ

亜種シマエナガ

ヤマガラ （山雀）　　　　　　留鳥／14cm

平地から山地の林に生息。秋から冬は南方や里へ移動する個体も多い。鼻にかかる声で「ニーニーニー」と鳴く。秋、エゴノキの実を食べる鳥はヤマガラだけなので、木の前で待ってみよう。

トラツグミ （虎鶫）　　　　　　漂鳥／30cm

夏は山地で繁殖し、冬は暖地へ移動する。市街地の雑木林に下りて来る冬に、薄暗い場所の地上を探す。落ち葉を踏む音や、ひっくり返すときのガサガサという大きな音が手がかりとなる。

シロハラ （白腹）　　　　　　冬鳥／24cm

平地から山地の林、木々が多い公園などに渡来。やや薄暗い地上でミミズなどを採食するので、林縁部や植え込み付近を探す。飛ぶと尾羽の両脇の白色部が目立つ（シロハラの特徴）。

ツグミ （鶫）　　　　　　冬鳥／24cm

平地から山地の林や公園、河川敷、農耕地、庭など開けた場所に渡来。開けた場所で採食するので、すぐに見つかる。ピラカンサやナナカマドなどの木の実もよく食べる。

ルリビタキ （瑠璃鶲）　　漂鳥／14cm

亜高山帯で繁殖し、冬は平地から山地の林に下る。薄暗い林の下方を探す。地上で採食しては下層の横枝や杭にとまるという動作をくり返す。「ヒッ、ヒッ」と鳴き「ググッ」という声も出す。

ジョウビタキ （穣鶲）　　冬鳥／14cm

市街地や公園、河川敷、農耕地など開けた場所に渡来。10月下旬に渡ってきた当初は、見晴らしのよい場所にとまってよく鳴くので、木の梢やアンテナ、電線などを探す。お辞儀をするような動作で「ヒッヒッ、カカッ」と鳴く。

ベニマシコ （紅猿子）　　冬鳥／15cm

冬は河川敷やヨシ原、林縁部など明るい場所。笛を吹いたような声で「ピッ、ポ」と鳴き、声で存在がわかる。冬はヨモギやセイタカアワダチソウの種子を好んで食べる。北海道では夏鳥。

シメ （鴲）　　冬鳥／19cm

多くは冬鳥として林や河畔林、公園などに渡来。地上に落ちた木の実を採食するので、林内の開けた場所は要チェック。「ピチッ」という鋭い声を頼りに探す。声が聞こえたら、木の上方の枝を見よう。

♂冬羽

アオジ （青鵐）　　漂鳥／16cm

夏は山地の林に局地的に生息し、冬は暖地へ移動する。冬は公園の植え込みや、遊歩道などの端など、やや薄暗い場所を探す。冬の林で「チッ」と声がしたら、アオジの可能性が高い。

♀冬羽

冬 の森林①

アトリ科の鳥は群れで見られることが多く、木の実や草の種子は見逃せない。ヤドリギが見つかればレンジャクに期待。

- ❸ 針葉樹
- ❷ 落葉樹
- ❶ のり面
- ❹ 地上

❶ のり面

ベニマシコ(p.85)

オオマシコ(p.87)

❷ 落葉樹

キレンジャク(p.88)

ヒレンジャク(p.88)

マヒワ(p.87)

ベニヒワ(p.93)

アトリ
(p.87)

カワラヒワ
(p.15)

ベニマシコ
(p.85)

❸ 針葉樹

イスカ(p.87)

マヒワ(p.87)

❹ 地上

カワラヒワ(p.15)

ハギマシコ(p.87)

イカル(p.87)

シメ(p.85)

ビンズイ(p.53)

アトリ（花鶏）　　　　冬鳥／16cm

平地から山地の林や農耕地に渡来。群れること多く、特に西日本では数千〜数万羽の群れも見られる。林に中で群れ飛ぶ鳥は注意。地面に落ちた木の実をついばむことも多い。

ハギマシコ（萩猿子）　　冬鳥／16cm

平地から山地の崖地や岩場、農耕地などに渡来し、数羽〜数十羽で見られる。波形を描いて群れ飛ぶ小鳥を探す。地上で採食することも多く、雪が積もっていない場所などを探す。

マヒワ（真鶸）　　　　冬鳥／12cm

主に冬鳥として平地から山地の林、河川敷などに渡来。小さな波形を描きながら群れ飛ぶ小鳥を探す。ハンノキやヤシャブシ、スギなどの木の実、マツヨイグサの種子を好んで食べる。

オオマシコ（大猿子）　　冬鳥／16cm

主に山地の林に渡来するが少ない。積雪のある地域に渡来する傾向がある。ハギの実を好むため、林道や遊歩道ののり面のハギには要注意。毎年、ほぼ決まった場所に飛来する。

イスカ（交喙）　　　　冬鳥／16cm

多くは冬鳥として平地から山地のマツ林に渡来する。マツの実が大好物なので、大きなマツ林は要チェック。飛ぶときには必ず「ジュンジュン」と鳴き、その声で存在を知ることがほとんど。

イカル（斑鳩）　　　　留鳥／23cm

山地の林に生息し、冬は市街地の公園にも現れる。数羽〜数十羽の群れでいることが多い。木の実を好むので木の上方を探す。ヌルデやウルシ、ムクノキなどがねらい目。

キレンジャク （黄連雀）　　冬鳥／19cm

東北地方から北海道を中心に渡来し、関東地方以西には少ない。ヤドリギなどの木の実を食べながら移動し、2月ごろから市街地に姿を現し、木の実が残っていれば庭にも飛来する。

ヒレンジャク （緋連雀）　　冬鳥／17cm

関東地方以西で見られるレンジャク類は本種が多いが、北海道にも定期的に渡来。キレンジャク同様、渡りのルートがほぼ決まっているので、過去のデータを調べておこう。

春先、人家にある木の実を求めてやって来たヒレンジャクの群れ。まずはアンテナに止まり、安全を確認すると次々に舞い降りてくる

レンジャク類はヤドリギが大好物。糞として排泄された粘りのある種は、ほかの木の枝について発芽する。レンジャクの通った後はヤドリギ街道ができあがる

■ 木の実の食べ方

　昆虫類が少なくなる冬、鳥たちは木の実を食べるようになる。木の実を1粒くわえては丸のみし、体内で果肉を消化する。消化されない種子は、鳥によって遠くに運ばれフンと一緒に排泄され、そこで新しい芽を出す。実をつける木は、野鳥を利用して分布域を広げているのだ。

　しかし、アトリ科の鳥（アトリやベニヒワなど）のように、果肉ではなく種子を好んで食べる鳥もいる。嘴で上手に果肉を取り除き、太い嘴で種子を割って食べる。アトリ科の鳥がやって来た木の下は、取り除かれた果肉で汚れている。種子を食べてしまうアトリ科の鳥は、木にとっては厄介な存在だ。

木の実を散らかしたアトリ♀

鳥の正面顔

　ふだんのバードウォッチングでは、野鳥の姿を正面から見ることはほとんどない。あったとしても一瞬の出来事だが、カメラで撮れば、野鳥の思いもよらぬ表情を切り取ることができる。

イソヒヨドリ

オオハム

コオリガモ

カンムリカイツブリ

キビタキ

ケリ

ホシガラス

コチドリ

メジロ

ヒバリ

ライチョウ

アトリの仲間は水をよく飲む

　アトリ科の鳥の中でも人気が高いイスカは、マツの木の高い場所で実を食べていることが多く、見るのも撮影するのも難しい。そのようなときは、周辺の水たまりを探してみよう。アトリ科の鳥は、道路にできた水たまりや、樹洞にたまった水を飲む姿をよく見る。植物食という習性のためか、とにかく水をよく飲む。木の上にいても、食事がすむとその水たまりに降りてくる可能性がある。庭に水場を用意してすれば、思わぬアトリ科の鳥が訪ねてくれるかもしれない。お試しあれ。

冬の森林②

木々の葉が落ち林の中は明るくなり、野鳥が見つけやすい季節。声や音に注意しながら野鳥を探してみよう。

④針葉樹冠
②木の枝
③木の幹
①地上

① 地上

トラツグミ
（p.84）

シロハラ
（p.84）

アカハラ
（p.35）

ツグミ
（p.84）

カヤクグリ
（p.49）

ホオジロ
（p.35）

アオジ
（p.85）

カシラダカ
（p.93）

ミヤマホオジロ
（p.92）

❷ 木の枝

カケス
（p.29）

エナガ
（p.84）

ヤマガラ
（p.84）

コガラ
（p.92）

ヒヨドリ
（p.14）

シジュウカラ
（p.14）

❸ 木の幹

コゲラ
（p.13）

アカゲラ
（p.28）

アオゲラ
（p.28）

キバシリ
（p.93）

ゴジュウカラ
（p.92）

❹ 針葉樹冠

ヒガラ
（p.92）

キクイタダキ
（p.51）

91

コガラ （小雀）
留鳥／13cm

1年を通して山地から亜高山帯の林に生息し、季節的な渡りはほとんどしない。冬はカラ類の混群を探す。ほかのシジュウカラ科の鳥が少なくなるので、コガラが目立つようになる。

ヒガラ （日雀）
漂鳥／11cm

山地から亜高山帯の林に生息し、北方や標高の高いところにすむ個体の一部は、冬に暖地へ移動する。冬は針葉樹を好み、木の上方で動く鳥を探す。繁殖期はさえずりが頼り。

ゴジュウカラ （五十雀）
留鳥／14cm

やや標高の高い山地の林に生息し、特にブナ林に多い。カラ類の混群を探し、出会ったら木の幹を上り下りする鳥を探す。落ちた木の実を拾いに来るので、地上にも注意を払う。

亜種ゴジュウカラ

亜種シロハラゴジュウカラ

ミヤマホオジロ （深山頬白）
冬鳥／15cm

平地から山地の林、農耕地に局地的に渡来。毎年同じ場所で越冬するので事前に調べておきたい。カシラダカの群れに混じることがあるので、カシラダカに出会ったらじっくり探す。

♂

♀

キバシリ（木走） 留鳥／14cm

やや標高の高い山地から亜高山帯の林に生息。木の幹を上る鳥を探すが、羽色や模様が木の幹に酷似するので注意。「ジリリリ」という細い声を聞き逃さないようにしたい。

カシラダカ（頭高） 冬鳥／15cm

平地から山地の林、農耕地、河川敷などに渡来。小群で行動し、地上で採食することが多い。人間が近づくと「チッ」と鳴いて近くの枝に飛び上がる習性を覚えておこう。

魅惑!! 冬の北海道の小鳥たち

　ベニヒワ（紅鶸、13cm）は、東北地方から北海道、また日本海側の一部の平地から山地に渡来する冬鳥。年による渡来数の変動が大きい。ハンノキやヤシャブシ、マツヨイグサを好む。雪融け時期には地上で種子などをついばむことがよくあるので、道路端の雪が溶けた部分に注意する。マヒワ（p.87）の群れに少数が混じることがあるので、マヒワの群れがいたら、1羽1羽丹念に見てみる。「ジュジュン、ジュジュン」と鳴きながら飛ぶ。

ユキホオジロ

　ユキホオジロ（雪頬白、16cm）は、北海道では数十羽〜100羽ほどの群れが見られることもある。ハマニンニクの種子を好むので、海岸沿いの砂地を丹念に探す。渡来数が少ないため、北海道でも出会うチャンスは少ない。

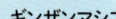

ギンザンマシコ

　ギンザンマシコ（銀山猿子、22cm）は、北海道に留鳥として生息し、繁殖期はハイマツ帯で過ごし、冬は平地に下る。ナナカマドの実を好み、年によっては街中でも実をついばむ姿が見られる。冬はナナカマドの実を常にチェックしたい。

ベニヒワ

冬のツル

昔から縁起のよいものとして扱われたツル。生息地や飛来地は局地的だが、一度は見ておきたい鳥だ。

マナヅル（真鶴）　　冬鳥／127cm

鹿児島県の出水平野に、毎年3,000羽を超えるマナヅルが渡来する。1日中給餌場で過ごすものもいるが、周辺の田んぼで活動するものもいる。出水平野にいるツルの中ではもっとも大きく、顔が円形状に赤いツル類を探す。

幼鳥

成鳥

タンチョウ（丹頂）　　留鳥／145cm

北海道東部を中心に見られ、春から秋の繁殖期は、十勝平野やオホーツク海沿いの草原、サロベツ原野などでも見られる。北海道以外ではまれ。雄と雌がよく鳴き合い、雄が「カー」と鳴くと雌が「カッカッ」と続け「カー、カッカッ、カー、カッカッ」と聞こえる。北海道東部には大きな給餌場があり、数十羽から数百羽のタンチョウが見られる。給餌場にはタンチョウ以外の鳥はほとんどいない。

幼鳥

成鳥

ナベヅル（鍋鶴）
冬鳥／100cm

鹿児島県の出水平野に、毎年1万羽を超えるナベヅルが渡来する。出水平野で見られるツル類のほとんどがナベヅルと言っても過言ではない。黒っぽい翼が特徴で、出水平野にいる黒いツル類はナベヅルと言ってよい。

幼鳥

成鳥

カナダヅル（カナダ鶴）
冬鳥／95cm

鹿児島県の出水平野に毎年数羽が渡来し、ほかのツルと一緒に行動する。ほかの地域でも単発的に記録がある。背が黒いナベヅルと一緒にいることが多いので、その中から全身が灰色のツル類を探す。ナベヅルとほぼ同じ大きさ。

幼鳥

成鳥

クロヅル（黒鶴）
冬鳥／115cm

鹿児島県の出水平野に毎年数羽が渡来し、ナベヅルと一緒に行動することが多い。ほかの地域では稀。まずナベヅルの群れを探す。その中から背が白っぽいツル類を探し、首の前側が黒いことを確認する。ナベヅルの中には、背がクロヅルに似た色をしているものがいるので注意しよう。

幼鳥

成鳥

冬 の湿地

多くの鳥が集まる湿地。それらの鳥をねらって猛禽類の出現も期待できる。1日かけてじっくり観察してみたい。

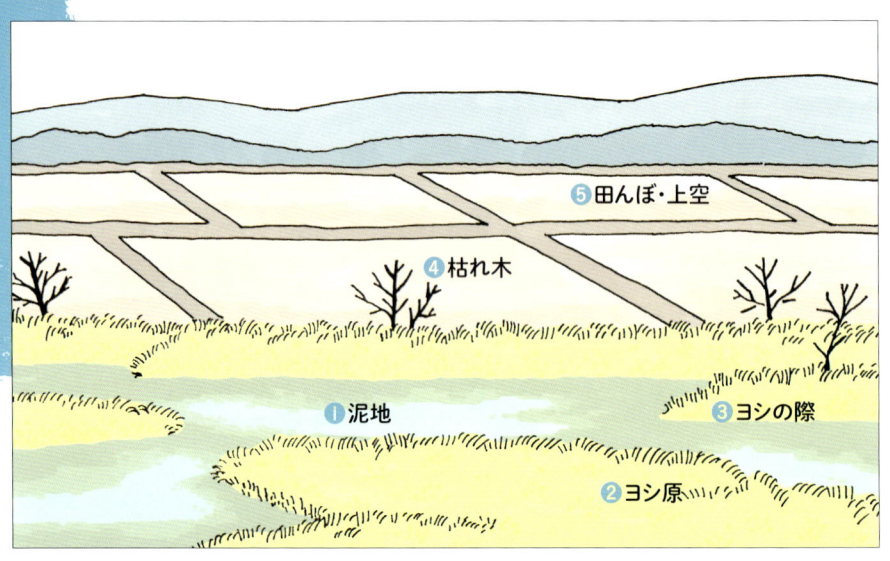

❺田んぼ・上空
❹枯れ木
❶泥地
❸ヨシの際
❷ヨシ原

❶泥地

タゲリ
(p.98)

ケリ
(p.18)

タシギ
(p.98)

ツルシギ
(p.66)

クサシギ
(p.98)

ハマシギ
(p.105)

❷ヨシ原

シジュウカラ
(p.14)

メジロ
(p.15)

ベニマシコ
(p.85)

ホオジロ
(p.35)

アオジ
(p.85)

オオジュリン
(p.100)

❸ヨシの際

クイナ
(p.98)

バン
(p.77)

ハクセキレイ
(p.41)

タヒバリ
(p.100)

❹枯れ木

トビ
(p.98)

オオタカ
(p.61)

ノスリ
(p.62)

オジロワシ
(p.101)

❺田んぼ・上空

タヒバリ
（p.100）

チョウゲンボウ
（p.99）

コチョウゲンボウ
（p.99）

アトリ
（p.87）

カワラヒワ
（p.15）

チュウヒ
（p.99）

ノスリ
（p.62）

ハイイロチュウヒ
（p.99）

ケアシノスリ
（p.98）

タゲリ
（p.98）

ホオジロ
（p.35）

カシラダカ
（p.93）

ハクセキレイ
（p.41）

コクマルガラス
（p.100）

コミミズク
（p.99）

ミヤマガラス
（p.100）

ハシボソガラス
（p.14）

クイナ （水鶏） 漂鳥／29cm

多くは冬鳥として池や湖沼、河川、湿地周辺のヨシ原などに渡来。ヨシ原の根際を注意深く探す。河口部に近い河川のヨシ原では、泥地が見えて来る干潮時がねらい目。

タゲリ （田計里） 冬鳥／32cm

水田や休耕田、畑、沼の浅瀬、河川などに渡来。時に数十羽から100羽前後の群れを作る。上空をフワフワした感じで飛ぶ鳥を探す。飛翔時に「ミャー」と猫のような声で鳴く。

冬羽

タシギ （田鷸） 冬鳥／27cm

水が少し残る水田や休耕田、河川や湖沼の泥地で、長い嘴を泥の中に突っ込んでは引き出すという動作をくり返す鳥を探す。人が近づくと「ジェッ」と鳴いて飛び出す。

クサシギ （草鷸） 冬鳥／22cm

水田や河川の水際、水深の浅い湿地などで、腰を振りながら歩くシギを探す。背中側の白斑が細かくあまり目立たない。単独でいることが多く、干潟に入ることはほとんどない。

トビ （鳶） 留鳥／64cm（翼開長159cm）

もっともよく見るタカで、海岸や河口、河川、山地、市街地などさまざまな環境に生息。羽ばたかず帆翔する大きな鳥を探す。「ピーヒョロロ…」とタカ類の中ではもっともよく鳴く。

ケアシノスリ
（毛足鵟） 冬鳥／56cm（翼開長136cm）

平地から山地の農耕地、河川敷、ヨシ原、干拓地などに渡来するが数は少ない。尾羽の黒帯が特徴。ホバリングするタカを探す。渡来時期が遅いので、年明けのほうが出会う確率は高い。

チュウヒ （沢鵟）　　漂鳥／53cm（翼開長125cm）

大きなヨシ原で少数が繁殖するが、多くは冬鳥としてヨシ原に渡来。翼をV字に保ってヨシすれすれに飛ぶタカを探す。ヨシ原がねぐらなので、チュウヒが集まって来る夕方もねらい目。

ハイイロチュウヒ
（灰色沢鵟）　　冬鳥／50cm（翼開長111cm）

平地から山地の草地や農耕地、湖沼や河川のヨシ原などに渡来するが局地的。大きなヨシ原がねぐらになり、日中は周辺の農耕地などで過ごすので、ねぐら入りする夕方がねらい目。

コミミズク （小耳梟）　　冬鳥／38cm

平地から山地の草地や農耕地、河川敷などに渡来。夕暮れ時に、低い草がある河川敷や草地を見渡し、翼が長く下面が白っぽいカラス大の鳥を探す。地上や杭もよく探してみよう。

チョウゲンボウ
（長元坊）　　留鳥／36cm（翼開長72cm）

平地から山地の農耕地や河川敷、干拓地など開けた場所で、ネズミや昆虫などを捕らえる。木の梢や電柱の上、電線やアンテナなどを探す。上空からネズミなどをねらうので、空も要チェック。

コチョウゲンボウ
（小長元坊）　　冬鳥／30cm（翼開長68cm）

平地から山地の農耕地や草地、河原などに渡来するが数は少ない。農耕地で、地上近くを速いスピードで飛ぶ鳥を常にチェック。電線や木の梢で休むこともある。

コクマルガラス （黒丸鴉） 　冬鳥／33cm

ミヤマガラスの群中に混じって生活し、単独で見ることはほとんどない。ミヤマガラスの群れを見つけたら、1羽ずつ確認する。「キュン、キュン」という子犬のような声で鳴く。

暗色型
淡色型

ミヤマガラス （深山鴉） 　冬鳥／47cm

ほぼ全国の農耕地に大きな群れで渡来するが、特に九州に多い。夕方、ねぐら入りする前には電線などに多数がとまる。群れで輪を描いて飛ぶ黒い鳥は、ミヤマガラスと思ってよい。

タヒバリ （田雲雀） 　冬鳥／16cm

池や湖沼畔、湿地など水気の多い場所に渡来。尾羽を上下に振りながら歩く、オリーブ色の鳥を探す。地味な色彩なので見落とさないように注意。人が近づくと「ピピッ」と鳴いて飛ぶ。

冬羽

オオジュリン （大寿林） 　漂鳥／16cm

夏は青森県から北海道で繁殖。冬は暖地へ移動し、河川や湖沼周辺のヨシ原に飛来。枯れたヨシをむしる「パチッ」という音を手がかりに、粘り強く探す。風のない日がねらい目。

冬羽

森の鳥に近づくコツ

　野鳥に近づくには、野鳥からこちらの姿が見られていないことが重要だ。森林にすむ小鳥も同様で、近づく方法には、車の陰に隠れる、大きな岩に隠れる、太い木の幹に隠れるなどがある。たとえば、野鳥との間に太い木があれば、野鳥と木と自分を一直線上に結び、野鳥からこちらが見えない、こちらも野鳥が見えないという状況を作れば、太い木まで歩いて近づける。木までたどり着いたら、そっと顔を出して観察する。木に辿り着く前にこちらの存在に気づかれれば、当然逃げられてしまうので、近づく前に野鳥がどのような行動をしているのか、しっかり観察しよう。

冬の猛禽・オジロワシとオオワシ

冬の猛禽といえば、オジロワシ（尾白鷲、87cm、翼開長223cm）と、オオワシ（大鷲、95cm、翼開長235cm）は見逃せない。

オジロワシは少数が北海道で繁殖しているが、両種とも多くは冬鳥として北海道の海岸や大きな湖沼などに渡来する。本州では数が少ないものの海岸近くの木や、ガン・カモ類が集まる湖沼周辺の木を丹念に探せば見つかるかもしれない。

冬の北海道では、サケ・マスのふ化場周辺の河川の木によく止まっているが、最近は給餌が行われるようになり、羅臼の流氷船に乗ると、間近でその雄姿を見ることができる。翼を広げると2mを超える両種の迫力に圧倒されることだろう。

オジロワシ

オオワシ

海ガモ・海鳥に近づくコツ

海ガモはよく港の中に入るため近くで見るチャンスが訪れるが、近づくとその分だけ泳いで遠ざかってしまう。近づく最大のチャンスは、食べ物を探すために潜っているとき。海ガモを見つけたら遠目で観察し、海中に潜ったら大急ぎで岸壁まで走り寄り、できれば座って浮かび上がってくるのを静かに待とう。すると海中から目の前に現れることがあり、泳いだり、羽づくろいをしたり何事もなかったようにふるまってくれる。ただし、走り寄っているときに海中から現れたり、海中から現れたときに動いてしまうと遠ざかってしまうので注意しよう。この方法はアビ類、カイツブリ類、ウミスズメ類など潜水する鳥に有効だ。

冬の干潟

ベストな時間帯を狙って干潟へ。干潟ばかりでなく、海上に浮かぶ海鳥もしっかり見てみよう。

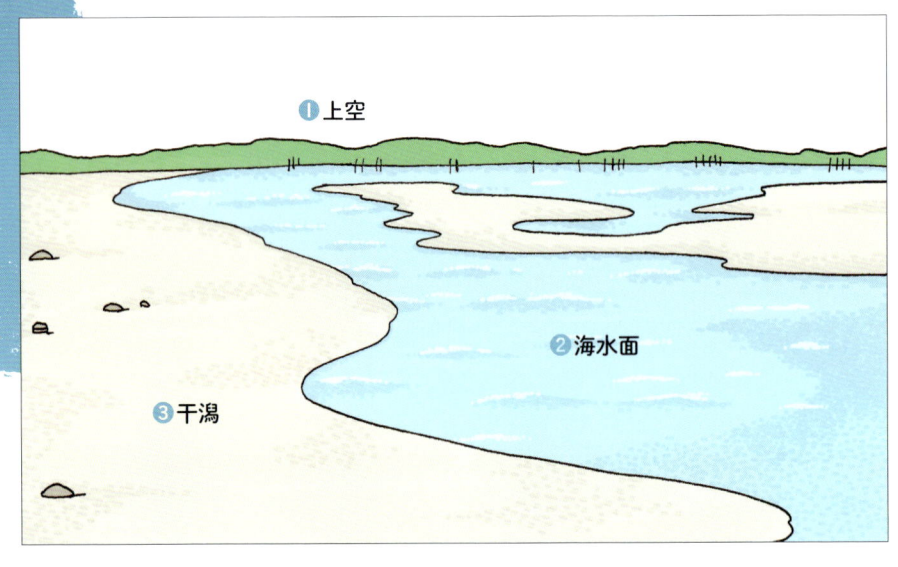

❶ 上空
❷ 海水面
❸ 干潟

❶ 上空

ユリカモメ(p.77)

トビ(p.98)

ミサゴ(p.105)

ウミネコ
(p.107)

カワウ
(p.22)

オオセグロカモメ
(p.107)

セグロカモメ
(p.107)

ズグロカモメ
(p.105)

❷ 海水面

スズガモ
(p.109)

ウミアイサ
(p.109)

カンムリカイツブリ
(p.76)

ハジロカイツブリ
(p.76)

❸ 干潟

ツクシガモ（p.104）　ヒドリガモ（p.74）　カルガモ（p.74）　オナガガモ（p.75）

ミヤコドリ（p.104）　タシギ（p.98）　ダイゼン（p.104）

ハマシギ（p.105）　ミユビシギ（p.104）　ダイシャクシギ（p.104）

シロチドリ（p.22）　アオアシシギ（p.22）　イソシギ（p.40）　セイタカシギ（p.19）

クロツラヘラサギ（p.104）　コサギ（p.70）　ダイサギ（p.70）

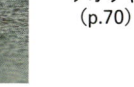
アオサギ（p.70）

ツクシガモ （筑紫鴨）　　　冬鳥／63cm

主に西日本に渡来し、九州は特に多い。干潮時に干潟を見渡し、全体がカラフルな色彩で、胸や脇の白さが目立つ大きな白い鳥を探す。場所によっては、数十羽の群れが見られる。

クロツラヘラサギ （黒面箆鷺）　冬鳥／77cm

湖沼にも飛来するが、多くは河口部や干潟に入る。九州に多い。1日の大半は寝ており、河口部や干潟などの堤防で休む白いサギのような鳥を探す。トキの仲間なので首を伸ばして飛ぶ。

ダイゼン （大膳）　　　　　冬鳥／29cm

東北地方以南の干潟で越冬し、春は夏羽に換羽するころに北へ渡り始める。干潟の中の大きなチドリ類を探す。春は夏羽に移行中の個体が多く、顔から腹の黒さは個体によりさまざま。

冬羽

ミヤコドリ （都鳥）　　　　冬鳥／45cm

干潟や海岸に渡来するが局地的。東京湾や北九州の干潟、三重県の海岸では群れで越冬する。越冬する干潟では、干潮時にはほぼ確実に見られる。満潮時には防波堤で休むことが多い。

ダイシャクシギ （大杓鷸）　　冬鳥／60cm

関東地方以西の干潟で越冬するが、関東地方の干潟では少ない。干潟にいる大きなシギを探す。下に湾曲した長いくちばしは頭の幅3個分ほど。足の付け根付近の腹が白い。

ミユビシギ （三趾鷸）　　　冬鳥／19cm

干潟や砂浜、岩礁地帯に飛来し、数十羽の群れで動くことが多い。冬の砂浜で、群れで動く白くて小さなシギを探す。ほかのシギ類に比べると、全体が白っぽく見える。

冬羽

ハマシギ（浜鷸）　　　冬鳥／21cm

干潟で数百羽、数千羽の大きな群れを作って越冬する。冬の干潟で、群れで行動する小さなシギ類はほぼハマシギ。秋や春はトウネン、ミユビシギなども群れる。

冬羽

ズグロカモメ（頭黒鴎）　　冬鳥／32cm

干潟や河口に渡来するが局地的で、西日本に多い。ひらひら飛びながら、同じ場所を行ったり来たりするカモメ類を探す。春は夏羽に換羽し、頭が黒色になる。

冬羽

ミサゴ（魚鷹・鶚）　　留鳥／59cm（翼開長165cm）

干潟のほか、海岸や河口、河川、大きな湖沼などに生息。冬は、干潟や魚が豊富な場所では数羽から十数羽の群れで見られる。翼を水平にして飛ぶ、頭と翼下面が白い大きな鳥を探す。水辺でホバリングする大きな鳥がいたらミサゴと考えられる。干潟や河口部の水面から突き出た棒杭や、湖に浮かぶいかだなどで羽を休めることも多い。

◗ タカが来たときの鳥の行動

　タカ類は、渡りの時期を除けば見るチャンスが少ない。しかし、小鳥やカモ類など捕食される側の行動を見ていると、タカの出現に気がつくことがある。上空にタカが出現すると、小鳥たちは首をかしげて片方の目で空を見上げる。「チー」とか「チッチッ」と鋭い声を出したら危険が迫っており、突然目の前をタカが横切ったりする。カモ類やシギ・チドリ類は、突然一斉に飛び立つ。飛び立った鳥たちの群れに突っ込むタカの狩りの様子が見られるかもしれない。カモ類が一斉に飛び立ったらオオタカやオジロワシなどのタカ科の出現、池や湖の中心に集まりだしたらハヤブサの出現など、種類によって狩りの仕方が違うので、避難行動も変わるのだ。

上空を気にするソリハシシギ

冬 の港（カモメ）

漁船からのおこぼれをねらって港に集まるカモメ類。
識別には苦労するが、腰を据えてじっくり観察しよう。

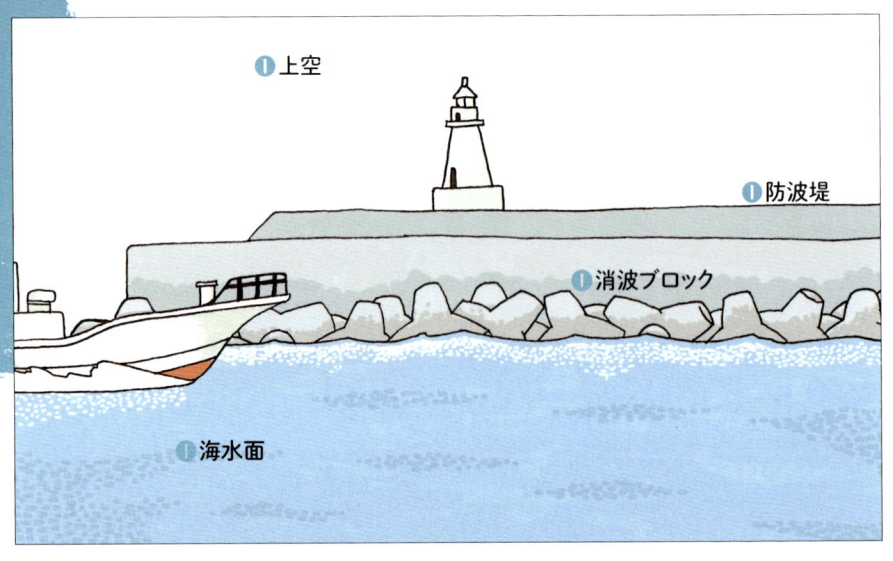

❶ 上空
❶ 防波堤
❶ 消波ブロック
❶ 海水面

❶ 防波堤・消波ブロック・海水面・上空

ミツユビカモメ
（p.107）

ユリカモメ
（p.77）

ウミネコ
（p.107）

カモメ
（p.107）

セグロカモメ
（p.107）

ワシカモメ
（p.107）

シロカモメ
（p.107）

オオセグロカモメ
（p.107）

ミツユビカモメ
（三趾鴎）　　　　　　冬鳥／41cm

港や沿岸に飛来するが数が少なく、外洋性が強いので船に乗ると出会いのチャンスが増す。9〜10月、北海道東部の港や海岸の防波堤で、群れで羽を休めていることが多い。

冬羽

ウミネコ
（海猫）　　　　　　留鳥／46cm

港や海岸、干潟などに生息し、日本近海の無人島などで繁殖する。背中側全体が黒っぽいカモメ類を探し、嘴先端の赤と黒の模様を確認する。

冬羽

カモメ （鴎）　　冬鳥／45cm

港や河口部、湖沼に渡来し、春は田んぼで群れることもある。背中側が灰色で、初列風切が黒・白パターンのカモメ類を探し、黄色い足を確認する。

ワシカモメ （鷲鴎）　　冬鳥／65cm

港や河口部、海岸などに渡来するが、北日本や北海道では普通で関東地方以西には少ない。背中側が灰色で、初列風切が灰色・白のパターンのカモメ類を、カモメの群れの中から探す。

冬羽

シロカモメ （白鴎）　　冬鳥／71cm

港や河口部、砂浜などに渡来し、北海道には多く、関東地方以西には少ない。背中側が薄い灰色で、初列風切にストライプ模様がなく真っ白なカモメ類を探す。ひと回り大きいことが目安になる。

冬羽

セグロカモメ （背黒鴎）　　冬鳥／61cm

港や干潟、海岸、池や河川などに渡来。北海道では旅鳥で、関東地方以西に多く渡来。背中側が灰色で、初列風切が黒・白パターンのカモメ類を探し、ピンク色の足を確認する。

冬羽

オオセグロカモメ
（大背黒鴎）　　　　　漂鳥／64cm

港や干潟、河口部などに飛来するが、関西地方以西の太平洋側では少ない。東北地方以北で1年を通してもっともよく見られる大型カモメ。背中側全体が黒っぽく見えるカモメ類を探す。

冬羽

冬 の港（海ガモ）

海が荒れると海ガモたちは港に避難し、間近で見られるチャンス。寒さに負けずトライしてみよう。

❷ 岩場

❷ 消波ブロック

❶ 海水面

❶ 海水面

スズガモ
（p.109）

シノリガモ
（p.109）

❷ 岩場・消波ブロック

コクガン

シノリガモ（p.109）

ビロードキンクロ
（p.109）

コオリガモ
（p.109）

ウミアイサ
（p.109）

カワアイサ
（p.76）

クロガモ
（p.109）

ホオジロガモ
（p.109）

カンムリカイツブリ
（p.76）

ハジロカイツブリ
（p.76）

スズガモ （鈴鴨）　　　　冬鳥／45cm

河口部や沿岸部に渡来し、時に数千羽の大きな群れが見られる。群れることが多いので、港や沿岸部で数十羽から数百羽の群れを作るカモ類を探す。

シノリガモ （晨鴨）　　　　漂鳥／43cm

東北地方と北海道の渓流沿いで繁殖するが、多くは冬鳥として海岸や港に渡来。岩礁や波消ブロックの上で休むカモ類を探す。東北地方北部や北海道では港によく入る。

ビロードキンクロ

（天鵞絨金黒）　　　　冬鳥／55cm

沿岸に渡来するが、時に港にも入る。クロガモ群中にいることが多く、まずはクロガモの群れを見つけ1羽ずつ確認する。雄は目の下の白い三日月斑が目立つ。

クロガモ （黒鴨）　　　　冬鳥／48cm

全国の沿岸や港に渡来するが、関東から東北の太平洋沿岸と北海道に多い。海に浮かぶ真っ黒いカモ類を探す。口笛のような声で「ピューゥ、ピューゥ」と寂しげに鳴く。

コオリガモ

（氷鴨）　　冬鳥／♂60cm、♀38cm

東北地方北部の海上に渡来するが、北海道の稚内周辺と根室周辺の海域は特に多い。海に浮かぶ白いカモ類を探す。

ホオジロガモ

（頬白鴨）　　　　冬鳥／45cm

沿岸や港に渡来するが、内陸の大きな湖沼にも入る。北海道では数が多い。海に浮かぶ白いカモ類を探す。

ウミアイサ

（海秋沙）　　　　冬鳥／55cm

九州以北の沿岸や港に渡来。海や港を見渡して体が長めの海鳥を探し、ボサボサの後頭を確認する。北海道では、港や河口部にカワアイサ(p.76)と一緒にいることも多い。

種名索引

太字　探し方のコツを詳しく解説しているページ／● 春／● 夏／● 秋／● 冬のフィールドのページ

参考文献

『日本の野鳥650』（平凡社）
　真木広造（写真）大西敏一・五百澤日丸（解説）
『新版日本の野鳥』（山と渓谷社）
　叶内拓哉（著）
『日本の野鳥識別図鑑』（誠文堂新光社）
　中野泰敬・叶内拓哉・永井凱己（共著）

●著者

中野泰敬(なかの・やすのり)

学生時代に野鳥に興味をもち、野鳥写真を扱うフォトエージェンシーに入社。その後、福島市小鳥の森のレンジャーを経験しながら野鳥カメラマンを目指す。現在は(株)ワイバードの専属ガイドとして、日本各地にとどまらず、世界各国を巡りバードウォッチングのガイドをしながら写真を撮り続けている。写真は、種類を多く撮影するよりも、季節感のあるほのぼのとした写風が特徴。主な著書に『野鳥ハンドブック』(新星出版社)、『1年で120種類の野鳥に出会える本』(文一総合出版)、『日本の野鳥 識別図鑑』(共著・誠文堂新光社)など。

●イラスト 木下千尋
●デザイン 落合正道

●写真協力
中村博文(オオタカ、ハイイロチュウヒ♂、ハリオアマツバメ、ヘラシギ)
永井凱巳(イワツバメ、エリマキシギ)

●扉写真:カルガモ

季節とフィールドから鳥が見つかる
1年で240種の鳥と出会う

2017年11月25日 初版第1刷発行
2019年 9月26日 初版第2刷発行

著者 中野泰敬
発行人 斉藤 博
発行所 株式会社 文一総合出版
　　　〒162-0812 東京都新宿区西五軒町2-5 川上ビル
　　　tel. 03-3235-7341(営業)、03-3235-7342(編集)
　　　fax. 03-3269-1402
振替 00120-5-42149
印刷 奥村印刷株式会社